奇妙的流体运动科学

毛根海 主编

ZHEJIANG UNIVERSITY PRESS
浙江大学出版社

作者简介

  毛根海，教授，1947 年生，浙江义乌市人，已任教于浙江大学三十八年。历任《水动力学研究与进展》杂志编委，水利部教学指导委员会委员，浙江省力学学会流体力学专业副主任，浙江大学水工结构与水环境研究所所长。浙江大学国家工科基础课程力学教学基地和国家精品课程"工程流体力学"的负责人之一，长期从事教学改革研究，研究领域为水力学与河流动力学。先后于 1993 年获"水力学与工程流体力学教学实验综合改革"项目国家优秀教学成果一等奖，2005 年获"工程流体力学课程建设及成果辐射"项目国家优秀教学成果二等奖。1991 年获全国高校实验室先进工作者，1994 年获全国优秀教师，2003 年获浙江省教学名师奖。主编并出版了《应用流体力学》、《应用流体力学实验》教材及教育部《新世纪网络课程工程流体力学》，《水力计算可视化》电子教材等，其中《应用流体力学》被评为"十一五"国家级规划教材中的"2007 年度普通高等教育精品教材"。

内容提要

　　本书以水与空气为流体介质，提供了生活中流体与流体运动科学的一系列生动案例，揭示其中的科学奥秘，阐释发明创造原理。它能让我们对身边这些看似十分熟悉却又非常模糊陌生的现象有了清晰的了解，并从中领悟到许多流体运动的奇妙科学与创造性思维方法。书中附有100多幅关于流动现象及原理的图，其中大部分由作者亲自拍摄或绘制。全书图文并茂，深入浅出，融科学性与趣味性于一体，既有一定的理论色彩，又具故事情趣，雅俗共赏，是一本很好的科普读物。它还可作大中专院校相关课程的教学辅助资料或学生的课外兴趣读物。

　　在人类所处的自然界及社会活动中，处处蕴藏着奇妙的流体运动科学原理。

　　水与空气都是流体的典型代表，是一切生命不可缺少的物质，自古至今人们对它的了解、探索和应用创造了丰富的文化物质成果。以水为例，古圣人喜欢从哲理上描述水性，歌颂水德，比如毕达哥拉斯说"万物'水'居第一"；耶稣撒向上帝选民的是"活水"；老子说"智者乐水，仁者乐山"。老子的名言是"上善若水"，即处世所居要像水那样的善处卑下，存心要像渊那样的清静深沉，交友要像水那样的彼此相亲，言辞要像水那样信诚不欺，为政要像水那样有条不紊，办事要像水那样无所不能，举动要像水那样伺机而动。

　　子贡问孔子：君子每次看到大水必定观看，不知有何讲究？孔子答：君子用水来比喻自己的德行。水遍及天下，没有偏私，好比君子的道德；水所到之处，滋养万物，好比君子的仁爱；水性向下，随物赋形，好比君子的仗义；水浅则流行，深则不测，好比君子的智慧；水奔赴万丈深渊，毫不迟疑，好比君子的勇敢；水性柔弱活灵，无微不至，好比君子的明察；水遭遇恶浊，默不推让，好比君子的包容；水承受不法，终至澄清，好比君子的善化；水入量器，保持水平，好比君子的正直；水过满即止，并不贪得，好比君子的适度；水历尽曲折，终究东流，好比君子的意向。

古人还将水文化赋予了力学内涵，如京航大运河、坎儿井、都江堰、曹冲称象、铜壶滴漏、阿基米德运用浮力原理鉴定皇冠等等，都是水文化的灿烂财富；600年前，郑和率舰队七下西洋，靠对海流、气流的认识与利用，创造了人类航海史上的奇迹。这已不仅仅涉及水，还涉及气流，将气和水融合成一体，形成流体文化，或称力学文化。

本书是主编在多年从事《力学的学习与创造》大学新生研讨课教学基础上，与学生共同研讨，长期积累，并在不断完善过程中编著而成的。以"奇妙的流体运动科学"为题，结合研讨主题和学生的科学报告，阐释了身边流体与流体运动科学的一系列生动案例，展示现代力学文化的沧海一粟，以飨读者。

另外，本书还想告诉人们，科学与创造无处不在，只要我们保持一颗探索的心，生活就会成为充满奇妙科学与创造的艺术。

本书的出版工作得到浙江大学教务处的大力支持。本书的编写，除了文末所注的参编者外，全书的电子图表、文字录入工作由胡卫红完成，浙江大学文学教授丁子春、浙江电台罗小刚对本书提出了宝贵的修改意见，并得到毛欣炜、章军军、陈少庆等人的协助，在此一并表示由衷的感谢！

编著高质量的科普读物，也许比撰写专著更难，鉴于主编的水平与经验有限，书中难免有不妥之处，望读者批评指正。

毛根海

2008 年 8 月于浙江大学

QIMIAODELIUTIYUNDONGKEXUE

目 录

三 自然篇

四 综合篇——主题研讨录

一、生活篇

1 地板上更风凉的科学奥妙

　　夏日躺在地板上很风凉，属生活常识，妇孺皆知，然而蕴藏于其中的奇妙科学道理却鲜为人知。唯有科学家们凭睿智发现了它，并将其广泛应用于航空等科技领域中。

　　在笔者小的时候，大家都还没用上空调。我们清楚地记得，炎炎夏日，大人们会敞开家里的门和窗，在屋子的地板上铺一张竹席让孩子们午睡。因为贴着地板午睡似乎可以享受更多的凉风，的确，这种感觉是客观的、真实。那么这其中蕴含着什么科学奥妙呢？

　　其实它所蕴含的奥妙正是"附壁效应"。附壁效应是流体流动特性所呈现的物理现象，由罗马尼亚亨利·柯恩达首先揭示并将它应用于航空领域，故附壁效应也被称为柯恩达效应。

小贴士

　　亨利·柯恩达（1886—1972 年）是罗马尼亚航空先驱之一，也是现代喷气式飞机的教父，他为 20 世纪后 50 年高速军用喷气机和喷气客机的发展铺平了道路。

　　1910 年，他制造了世界上第一架喷气飞机，如图 1-1。这架被命名为"柯恩达号"的喷气飞机在巴黎第二届航空展上展出，其金属构造线条优美，没有螺旋桨，令世人为之惊叹！不幸的是，这架飞机在试飞过程中坠毁。究竟是

图 1-1　柯恩达号喷气飞机

什么原因导致第一架喷气式飞机就此夭折呢？之后他便致力于这方面的研究。在研究中柯恩达得出了一项重要发现——附壁效应。该项发现堪称空气动力学的一项新成就。流体（水流或气流）具有离开本来的流动方向，改为沿邻近壁面吸附流动的特性，这种特性所表现出来的物理现象称为附壁效应。我们可以用这样的实验演示：打开水龙头，放出小小的水流，把汤匙的背放在流动的水边，水流会被吸引，流到汤匙的背上，而后附壁效应令水流一直吸附在汤匙凸出的表面上流动，如图1-2所示。

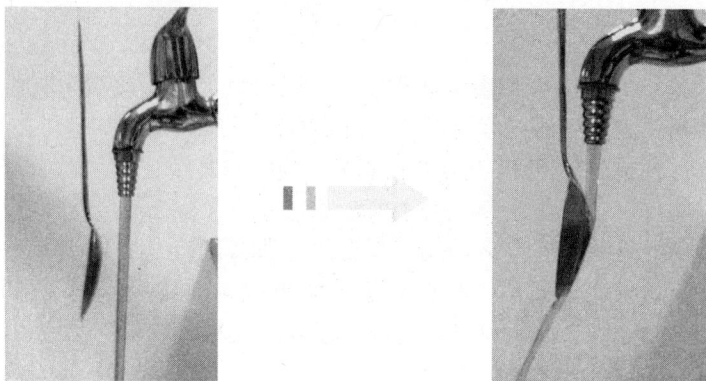

图1-2 用汤匙做水流附壁效应的实验

这对飞行意味着什么呢？研究表明，由于机翼的外形带有曲面，在附壁效应作用下，气流能沿机翼表面流动，而这种附壁流动又与机翼的升力密切相关，若机翼外形曲面设计不当或受飞行中的其他因素影响，也可能导致这种附壁流动与机翼表面分离，造成升力丧失。柯恩达号正是由于未能处理好这个附壁效应的作用而导致失控坠毁的。

用附壁效应也可以解释夏天睡在地板上为什么特别凉爽。当窗口吹入房间的凉风从房间通过时，凉气比热气密度大，容易下沉，由于附壁效应的作用，凉风便会紧贴地板流过，如图 1-3 所示。因此躺在地板上时更易感受到凉风习习。当然，如果对面窗口没有空气流出的对流通道时，这种感觉就会消失了。

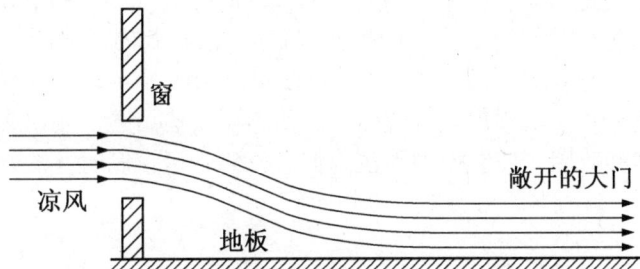

图1-3　凉风的附壁效应示意图

那么是什么原因引起附壁效应呢？我们知道，若有一流股在远离边界的宽敞空间流动时，由于流体的黏滞作用，流股能将周围的流体卷吸进来，跟随流动。周围的流体在不断补充下会形成环流。若流股某一侧靠近边界时，这种卷吸作用使靠近边界的流体得不到足够的补充，造成压强减低，迫使流股逐渐向边界靠近，直至吸附在边界上。这就是附壁效应的流动机理。

附壁效应，不仅可以解释许多生活中的现象，还在工程中得到了广泛应用。例如：
- 河道中的主流在附壁效应作用下总是偏向某一侧河岸；
- 依靠附壁效应附着的吹风流和吸气流进行混合的通风和气浮除污染；
- 附壁效应沙水分离器；
- 附壁效应油脂分离器；
- 天然气平焰烧嘴是利用旋转气流的离心作用和附壁效应，使火焰成为以烧嘴出口中心为圆心的圆盘状火焰等等。

附壁效应应用技术的代表性成果当属自动化控制用的射流元件。单稳、双稳、"或门"、"非门"等每个单一功能的射流部件称为射流元件。射流控制系统就是由类似这样一系列不同功能的射流元件所组成的。射流控制系统早在 20 世纪 60 年代就已经应用于航空控制领域。例如在连续流程中，让工作介质直接通过射流元件（射流阀）进行控制，如图 1-4 所示。图 1-4 中 1 为单稳射流阀门，由于射流出口处的两侧边界间距不等，在无外界气流作用下（图中管 5 关闭），射流总是稳定地吸附在下侧。只有在通大气时的大气压作用下，射流才能吸附在上侧。因而液体从管 2 进入射流阀 1，经输出管 3 流入贮液缸 6 内，如图 1-4（a）所示，从而使缸内液位逐渐增高。当液位一直增高至 6-6 高度时，如图 1-4（b）所示，控制管 5 的管口即被封住。这样，液体便改由输出管 4 流出，从而不再从输出管 3 流出，以保持缸中液位的一定高度。若由于某种原因，使缸中的液位降低，以致开启控制管 5 的管口，液体又经输出管 3 流入缸内。这样，就控制了液位在一个恒定的高度上。

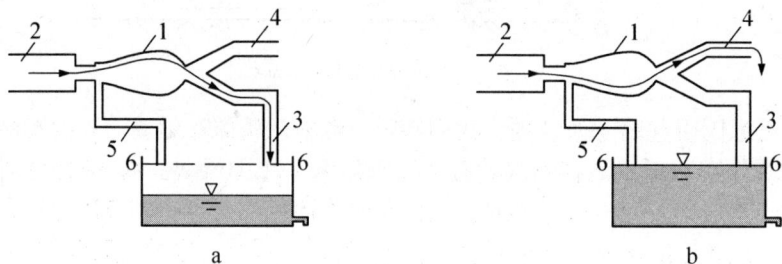

图1-4　射流元件控制原理

　　科学的奇妙在于：它和现实生活有密切的联系，它源于生活。科学无处不在，只要我们保持一颗勇于探索发现的心，生活就会成为一门充满科学的艺术。

（孙殿宇）

2 奇妙的鱼缸

在现代生活中，养鱼已日益成为一种广受大众喜欢的家居休闲活动。养鱼所用的鱼缸也是各式各样，千奇百怪。其中最奇妙的是一种喂食式鱼缸（如图 2-1 所示），鱼缸中下部开有一喂食槽，槽口远低于鱼缸内水面，你可以将鱼饵放在手心，从槽口处探入鱼缸内部，在水中自由游弋的鱼儿立马游到你的掌心，来争食鱼饵。这种喂食式鱼缸能够使喂食者与鱼儿真正"亲密接触"，不用再"徒临川以羡鱼"，能更大程度地体现养鱼这种休闲活动的闲情逸致。看到这时，人们不禁会诧异，水怎么不会从槽口流出来呢，难道重力作用在这个鱼缸内失效了？

图2-1　鱼缸照片

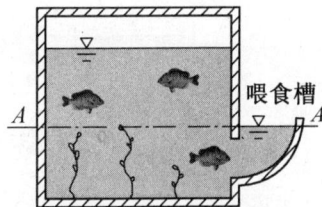

图2-2　喂食式鱼缸示意图

其实，这种鱼缸是利用了大气压的作用。如图 2-2 所示，鱼缸上部是密封的，箱顶水面上的空气存在一定真空度，即水面压强低于大气压强，呈现负压。在平衡状态下，若沿鱼缸喂食槽水面作一水平面 A-A，则该水平面上各处的压强都等于大气压强，平面以上部分水体都处在负压下。这时，水不会从喂食槽溢出，空气也不会通过喂食槽进入水箱。但若再降低箱顶水面的压强，那么在负压的抽吸作用下，水箱内水面将抬高而喂食槽水面将降低，当喂食槽水面低于箱体的进口上边缘时，在大气压作用下，空气将经喂食槽进入水箱内。反之，若提高箱顶水面的压强，那么水箱内水面将降低而喂食槽水面将抬高，当喂食槽水面高于喂食槽的槽口时，水体将从喂食槽口溢出。如果逐渐提高箱顶水面的压强直至大气压强，那么箱内水体将不断溢出，直到水箱液面与喂食槽液面齐平。因此，只要使鱼缸内部气体密封状态良好，并使其达到一定真空度，就可保持如图的平衡状态。

上述原理与装水的杯子倒扣在水缸中，杯内水位虽高于缸水液面却不会流出的现象相同，如图 2-3 所示。有时，把一个小小的装置作无限制的放大，也许一个意想不到的发明就产生了。不是吗？倒扣在水中的杯子放大以后竟成了这么奇妙的鱼缸！那么让我们通过逆向思维再作进一步的探索，将鱼缸缩小以后又会有怎样的发明呢？请看图 2-4，这是市场上有销售的给家禽饮水用的盛水装置，以及鸟笼中小鸟喝水的水杯，其原理正如图 2-2 所示。这种装置的桶身类似于鱼缸的缸体，饮水槽类似于鱼缸的喂食槽，只要桶中有水，在饮水的小槽里，水既不会溢出也不会干枯。鸟禽在饮水时，若水位低于饮水槽与水桶的联通孔，便有气泡流入桶中，则水自动流入饮水槽内，直至桶中的水饮干。这样，桶中的水既不会被污染，也不会浪费。

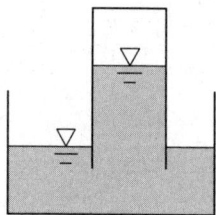

图2-3　倒扣在水缸中的水杯

图2-4　小鸟喝水的水杯

图 2-3 的现象是大家熟知的，但大多数人往往对此熟视无睹，只有那些用心领悟、又具有好奇心的人才能创造出独具匠心的奇妙装置。

（陈　珊）

3 点滴吊瓶的奥秘

　　用盐水吊瓶给病人静脉注射药液，俗称打点滴，其注射装置如图 3-1（a）所示。由图可见，注射时，盐水瓶是密封倒挂的，瓶口插有两根细管，一根是带注射针头的联通细管，另一根是通气管。当瓶内药液通过针头流出时，造成液面真空，空气便不断地经通气管向瓶内补充。在通气细管上，有一点滴泡可观察药液的滴速，便于调节注射速度。细心的病人也许会发现，当医生调节好输液管的滴速后，只要在病人平静（血压没有异常波动）的情况下，瓶内液体无论是满瓶还是浅瓶，滴速始终是恒定不变的。在人们的习惯认识上，满瓶的压力比浅瓶的大，滴速应更快些，那么这里为什么能保持滴速恒定呢？

　　其实，点滴吊瓶装置是一种变液位下的恒定（流速不随时间变化）的流动装置。如图 3-1（b）所示，A–A 线位于进气管的出口位置，A–A 线所在水平面的压强应近似为大气压强，而且只要瓶中液位高于 A–A 线，这个压强值不会随着瓶中液位降低而改变。这不难理解，因为若 A–A 面上的压强大于外界的大气压强，则必然有液体自通气管向外流出；反之，只要略微小于大气压强，则必然有大量气泡自通气管流入瓶中。在实际注射过程中，可以观察到只有微量气泡断断续续

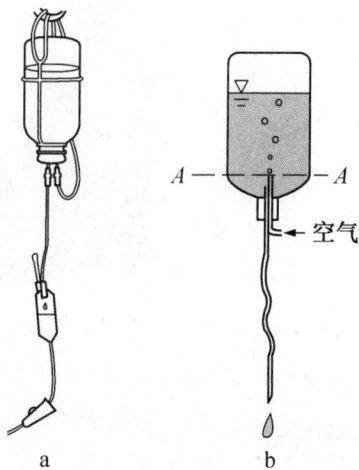

a　　　　　b

图3-1　马利奥特容器——点滴吊瓶

生活篇

9

地流入瓶内，表明 A-A 断面上的压强确实近似为大气压强。这就说明，在瓶内液面低于通气管的内出口高度之前，无论瓶中液体满度怎样变化，其作用于针头的水压力与一个液面为大气压强、液位在 A-A 位置恒定不变时的敞口瓶供液压力相等，故其出口滴速当然也恒定了。

有个名叫马利奥特的学者最早设计了类似点滴装置的恒流器，并解释了它的恒定流动原理，因此在流体力学中，把这种变液位下的恒定流容器称为马利奥特容器。

在我国，1000 多年前的古人就曾经用"铜壶滴漏"来计时，这是一项非常伟大的发明。铜壶是敞口的，虽然古人巧妙地采用四重滴漏来尽量保持第三重计时桶的水位稳定，如图 3-2（a）所示，但实际上壶中水位仍会慢慢下降，水滴速度随时间变慢，因此第四重计时桶的水位上升速度是不均匀的。这样，用以标志时间的浮杆，其上的时间刻度也是不均等的，刻制较复杂。试想若用变液位下的恒定流装置作滴漏计时，那么时间刻度线就可以划分得均匀，便于刻制了，如图 3-2（b）所示。

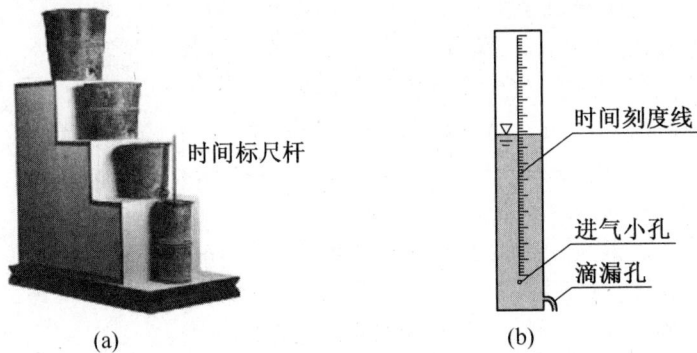

时间标尺杆

(a)

时间刻度线

进气小孔

滴漏孔

(b)

图3-2　铜壶滴漏

小贴士

"寸金难买寸光阴"对我们来说是再熟悉不过的诗句了，但是其中却揭示了古人计量时间的方法。我国古代计时是用铜壶滴漏，又称漏壶，分单壶和复壶。我国早在周代（公元前841年—公元前476年）就已开始使用单壶测定时刻。复壶为两个以上的储水壶。复壶中著名的为延祐年间（1314—1320年）制成的四铜壶。四铜壶自上而下相互叠置而成。上面三壶底部有小孔，它使水从高度不等的几个容器里依次滴下来，最后滴到最低的有浮标的容器里，根据浮标上的刻度也就是根据最低容器里的水位来读取时间。通过这样的方式，将无形的时间转换成有形的尺寸了，光阴自然也就可以用寸来计量了。

铜壶滴漏中的最低容器里的水位，是由高处的水一滴一滴流下来，经过长时间的积累而形成的，所以铜壶滴漏的计时原理实质上就是水滴总数的自动累计。

一个极微小的改进，就可以让"铜壶滴漏"更简便，更精确。其实生活中不乏类似的事例，有时甚至是一点点微小的改进就能让我们的生活方式为之全盘改观。科学不但能在重大事项上拓展人类生活，而且能在日常细节上完美人们的生活。只要我们懂科学，应用科学，我们的生活必将更加完美、进步和文明。

（黄　翼）

"乒乓球为什么吹不走"一文的问题解答

一股向上吹的气流，能将乒乓球举在空中，这是显而易见的。问题是，乒乓球能始终稳定地悬在气流中，为什么不会侧移滑落呢？这说明乒乓球受到侧向向心力，这个向心力就是压强梯度力。气流的流速分布是中心大，边缘小，有一定流速梯度。根据伯努利原理，流速越大，压强越小。因此，在气流中，存在自边缘向中心逐渐减小的压强梯度力。乒乓球处在气流中心时，四周的压强是均匀的，假如乒乓球偏离中心位置，由于乒乓球近中心一侧的压力小，近边缘一侧的压力大，乒乓球受到一个指向中心的力，使它能自动回复到中心位置。这便是乒乓球能稳定悬浮的奥妙。

4 高山上的夹生饭

　　许多人喜欢爬山，山上空气清新，有利于人的健康，不仅如此，在山上鸟瞰大地，更是一种心灵上的愉悦。孔子曾说过："登泰山而小天下。"大诗人杜甫也有"会当凌绝顶，一览众山小"的脍炙人口的诗句。可是，许多在高山上煮过饭的人可能会发现，高山上的饭特别容易煮成夹生饭，这是为什么呢？

　　煮饭的过程实质上就是使大米由难以为人体所消化吸收的 β 淀粉转化成为人体较易吸收的 α 淀粉的过程。把饭煮熟，也就是使 β 淀粉充分转化成为 α 淀粉，需要将温度大约控制在 98℃左右，维持沸腾状态 20 分钟左右。因此如果温度较低，饭当然难以煮熟。

　　可是为什么在山上沸水的温度会比地面上低呢？这要从沸点谈起。众所周知，沸点是水沸腾时的温度，但这个定义不能解释水沸点降低的原因，因此让我们引入另一个定义。液体会在任何温度条件下挥发，当液体挥发产生的气体的压强与作用于液体表面的外界压强相等，此时的温度就是液体在该压强下的沸点。也就是说，在不同压强下水的沸点是不同的。在 0℃以上 100℃以下的任意温度，只要压强减低到某一值，水都可以沸腾，这就是水的低压低温沸腾现象。例如，如果压强减低到 12.35 kPa（一个大气压为 98 kPa），水在 50℃时就沸腾了。因此我们不难理解，高山上压强较低，水的沸点也较低。例如：海拔 1000 米处水沸点约 97℃，3000 米处约 90℃，在海拔 8848 米的珠穆朗玛峰顶，水在 72℃就可以沸腾，这就是高山上饭难以煮熟的原因。

　　低压低温沸腾现象是许多液体共同具有的物理现象，人们将这种现象广泛应用于生活与工程。例如，空调的制冷机常将液态的氟利昂通过高速喷射减压而汽化，在汽化过程中大量吸收周围的热量，达到制冷的效果，而后再将气态氟利昂压缩成液态，以循环工作。另外的例子还有：利用真空低温制备纯净水或实现固液分离；利用真空低温实现对不同沸点混合液的液态分离等。

那么高山上煮饭难的问题该如何解决呢？300多年前法国有一位名叫巴本的医生，用一项小小发明解决了这个难题。

巴本医生不仅热爱医生这个职业，而且喜欢钻研物理学，常常动手做小实验，不时有些小发明。有一年夏天巴本一家去山顶野餐。巴本太太把煮好的土豆给小巴本先尝一尝，可是小巴本皱着眉头说不好吃。平日里小巴本最爱吃妈妈煮的土豆了，今天是怎么了？为了弄清楚原因，巴本夫妇一起尝了尝土豆，原来土豆还是生的！可是土豆分明在沸水中煮了很长时间，为什么还是生的呢？巴本一家的野餐虽然被搅混了，但巴本医生却抓住了这个奇怪的现象。回家后他进行了大

图4-1　高压锅

量实验，发现了低温沸腾的原理，并动手制作了一个密闭的锅，在不断加压的情况下使水超过100℃才沸腾，土豆当然一下子就煮熟了。就这样，勤于思考又善于动手的巴本发明了世界上第一个压力锅，当时被称为"巴本锅"。而现在，高压锅已经走入寻常百姓的每家每户，帮助人们快捷地炖煮肉类等食品。

　　　　从这个小故事中我们不难发现，其实发明创造并不是科学家的专利。只要我们对身边的事物充满好奇之心，对生活中人们已经熟视无睹的日常现象细心观察，努力捕捉平常表象背后的奇妙原理，那么我们都有可能成为发明家。

（赵国梁）

5 毛细渗透与永动机

大家都知道，如果把毛巾挂在脸盆沿口上，将一端浸在水中，结果露在沿口外面的那部分的毛巾也会湿掉，这是为什么？

这是一种毛细渗透现象，根据这个现象，有人提出了一个奇思妙想——毛细渗透永动机方案。比如用毛巾一类织物把水引导到比自身液面高一些的另一个液面，这样不断积累就能不费能量将水的势能提高，即制成永动机。但是根据能量守恒定律，永动机是不可能制成的，那么这个看似完美的设计漏洞到底在哪儿呢？

小贴士

所谓永动机是指期望在没有外界能源供给，即不消耗任何燃料和动力的情况下，源源不断地得到有用的功。如果这种永动机真的能够制成，那么就可以不使用任何自然能源无中生有地得到无限多的动力。在人们还没有掌握自然的基本规律时，这种想法曾经引诱许多有杰出创造才能的人，他们付出了大量的智慧和劳动，追求这种梦想的实现。永动机的想法起源于印度，公元 1200 年前后，这种思想从印度传到了伊斯兰教世界，并从这里传到了西方。在欧洲，早期最著名的一个永动机设计方案是 13 世纪时一个叫亨内考的法国人提出来的。后来，文艺复兴时期意大利的达·芬奇（Leonardo da Vinci，1452—1519）也造了一个类似的装置。但是，没有任何一部永动机被实际地制造出来，也没有任何一个永动机的设计方案能经受科学的审查。永动机的想法是违反热力学基本定律的，不能实现的。不消耗能量而能永远对外做功的机器，它违反了热力学第一定律，故称为"第一类永动机"。在没有温度差的情况下，从自然界中的海水或空气中不断吸取热量而使之连续地转变为机械能的机器，它违反了热力学第二定律，故称为"第二类永动机"。

首先，我们来分析水为什么能够沿着毛巾往外渗。毛巾是由许多根纤维构成的。无数根纤维互相交织在一起，中间形成了众多细小的毛细管。在表面张力的作用下，水沿着这些孔隙上升，于是毛巾未浸水的部分也湿了。这种现象称为毛细现象。例如将一根内直径 1 毫米的玻璃管插入水杯中，管中毛细高度可达 30 毫米，如图 5-1 所示。

那么，往上渗的毛细管中的水能否在高处从毛巾另一端滴落呢？

既然毛巾渗水是毛细现象，那么我们不妨可以用毛细管来做一个实验。如图 5-2 所示，图（a）、（b）、（c）的水杯中都盛满水，杯中分别插有毛细管，毛细管的外出口高度各不相同。实验可见，图 5-2（a）、（b）的毛细管外口都不出水，（c）有间断性滴水。这表明，只有当毛细管的出水口低于液面一定高度时，毛细管才能向外输水。即水仍然从高处流向低处。这是因为欲使水滴从毛细管的外口滴落，就必须要有足够的重力来克服毛细管的表面张力，而只有管口低于杯内液面，才能产生重力作

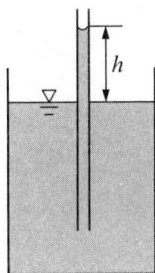

图5-1 毛细现象

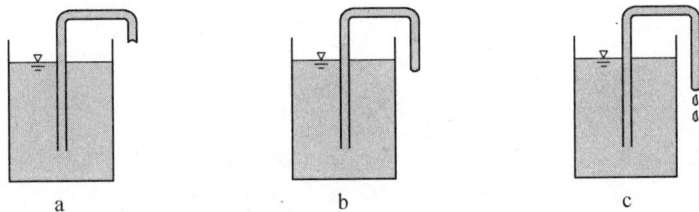

图5-2 毛细渗流

一 生活 篇

15

用。因此，通过毛细管渗流的液体，也只能输送到比杯内液面更低的地方。由此说明，毛细渗透永动机的方案是不可能实现的。读者要是有疑问，不妨用毛巾直接做个实验，看看低液位容器中的水能不能通过毛巾渗入到高液位的容器中。

虽然毛细渗透永动机不可能实现，然而毛细现象仍然有广泛的实用价值。例如，当全家人三五天连续在外，而您所栽培的盆景却必须每天浇水，这时便可用毛细滴灌解决：预先盛满一盆水放置高处，然后将毛巾挂在盆沿口上。让毛巾一端浸在水中，另一端挂在盆外，垂到盆底以下位置，就这么简单，一个简易的毛细滴灌装置就做成了。它可以为你的盆景实施自动滴灌，免除你的后顾之忧。

提出毛细渗透永动机的人一定是个会思考的人，然而假说和猜想无一不需要实验来加以检验和测试，这是科学规范。思行合一，一个人不仅需要有思想，还需要不断加强学习、研究和实践，才能在学业上有所进步。"学而不思则罔，思而不学则殆"。缺少实践和深入研究的精神，则必然不能有所成就。大家在日常生活中遇到问题可以用小实验来探索一下，说不定就会有令人欣喜的发现。

（史　斌）

6 乒乓球为什么吹不走

　　让我们来做一个神奇的乒乓球实验：将一只透明的圆锥形漏斗倒扣，一只手轻轻地将乒乓球托在漏斗的锥形顶上，然后用嘴对着管口用力吹气，同时将托乒乓球的手拿开。这时，乒乓球不仅没有被吹飞，还紧紧贴着漏斗锥顶，不会往下掉呢！

　　按照我们的常识，一只乒乓球放在手上用力一吹肯定会因为正面受力而向着吹气的方向飞出。上述的乒乓球实验结果会是什么原因呢？它的奥妙就在于流体的运动原理。

　　如图 6-1 所示当你用力吹气（图中以管道供气取代吹气）时，气流是沿着漏斗和乒乓球的缝隙流出的。根据流体力学的理论——伯努利原理可以知道，流体流动越快，流体内部的压强就越小。由于流经缝隙的气流速度加快，因此，在高速气流流过的缝隙附近压强降低，

图6-1　向下吹不走的乒乓球

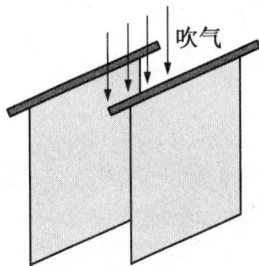

图6-2　平行纸片吹气实验

产生真空，于是在乒乓球下部大气压的作用下，乒乓球就掉不下来了。

如果没有漏斗进行上述实验，我们也可以用如图 6-2 所示的方法来观察气流运动引起压强变化的现象。具体操作如下：手握两张纸，让纸靠近并自由下垂，向两张纸的中间吹气，观察两张纸会发生什么样的运动。

小贴士

丹尼尔·伯努利（Daniel Bernoull，1700—1782），瑞士科学家，曾在俄国彼得堡科学院任教。他在流体力学、气体动力学、微分方程和概率论等方面都有重大贡献，是理论流体力学的创始人。

伯努利以《流体动力学》（1738）一书著称于世，书中提出流体力学的一个定理，反映了理想流体（不可压缩、不计黏性的流体）中的能量守恒定律。这个定理和相应的公式称为伯努利定理和伯努利公式，俗称伯努利原理。

伯努利原理也就是恒定不可压缩流体总流的机械能守恒原理。也就是说，在没有外界能量补充的情况下，水流或常速下的气流（速度小于 60 米/秒左右）从一个位置运动到下一个位置的过程中，动能、位能与压能是可以相互转换的，但他们的总

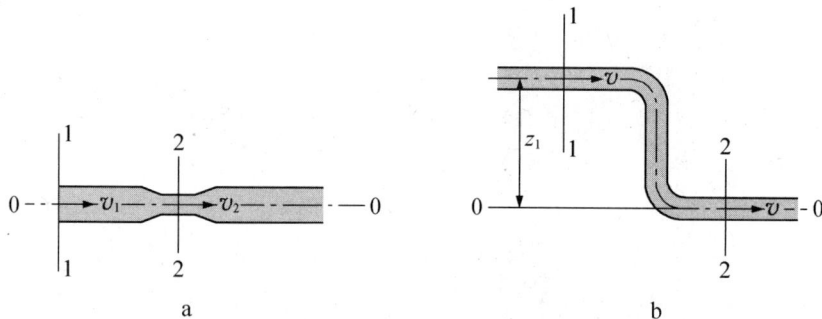

图6-3　伯努利原理

和只会减少，不会增加，减少部分则为运动过程中的能量损失。如果忽略能量损失，水流在管道中由 1-1 断面流到 2-2 断面时，如图 6-3(a)，由于管道水平而流速增大，则压强减小；而如图 6-3(b)，由于高度减低（位能减小），则压强增大。

伯努利原理也可表述为：水流和低速气流在运动过程中，机械能是可以相互转换的，且相同质量的流体所具有的动能、压能、位能与能量损失之和为常数。

根据流体的运动原理人们发明了许许多多实用装置，例如身边的喷雾器（见图 6-4），它之所以能将药液抽吸、喷射出去，其原因也就在于喷口处有一较细小的气孔，经气孔喷出的高速气流形成的负压对药液产生了抽吸作用。

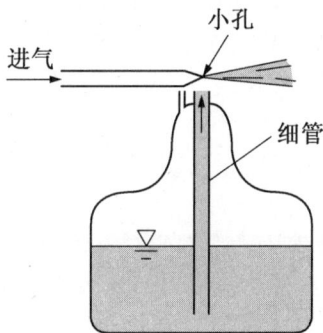

图6-4　喷雾器的原理

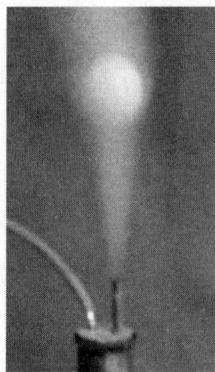

图6-5　向上吹不走的乒乓球

图 6-5 所示是乒乓球在一股向上喷射的气流中能稳定悬停而吹不走的实验图像，实验中哪怕轻轻推开它，它也会自动回复到气流的中心位置处。了解了图 6-1 向下吹不走的乒乓球后，读者能否揭示图 6-5 中向上吹不走的乒乓球的奥妙呢？（答案在书中找）

（方　翔）

7 电线风鸣的学问

我们常做这样的比喻：临空的电线，线上的鸟儿，好像五线谱，在风的弹奏下，产生一曲和谐之歌。这虽然只是比喻，但丝毫不缺乏真实感，现实生活中，我们常听到，风吹过电线，电线发出声响。小风习习时，纵横城乡之间的线网幽咽轻鸣，狂风突至时，电线陡生呼啸，甚至会产生极度震慑人心的音效。但这一曲"大风歌"从何而来？其内部原因究竟是什么呢？

其实解释最终归于一个现象：卡门涡街。

小贴士

卡门涡街是流体绕过非流线型物体时，物体尾流左右两侧产生的成对的、交替排列的、旋转方向相反的反对称涡旋。尾流中这种两边排列的旋涡称为涡街，冯·卡门首先研究了这种旋涡，因此又被称为卡门涡街，如图7-1所示。

图7-1 圆柱绕流的卡门涡街

卡门涡街能对绕流体产生交变的横向（与流动方向相垂直）作用力。这里说的流体指的是气体和液体。

卡门涡街的发现为流动激振学科研究打开了新的大门，这一发现与人类其他重大发现一样，被永载史册。

冯·卡门（Theodore von Kámán 1881—1963）是美籍匈牙利力学家，近代力学的奠基人之一，1881年5月11日生于匈牙利布达佩斯，1963年5月7日卒于德国亚琛。他在美国加州理工学院的研究生中，有中国学者钱学森、郭永怀、钱伟长，以及美籍华人学者林家翘等，他的学术思想对中国力学事业的发展起了积极的作用。他善于透过现象抓住事物的物理本质，提炼出数学模型，树立了现代力学中数学理论和工程实际紧密结合的学风，奠定了现代力学的基本方向。他做出了许多卓越的成果，接受过许多国家的勋章，其中包括美国的第一枚国家科学勋章。

当有风时，空气流过电线，产生卡门涡街，从而空气对电线产生一个周期性的交变横向作用力，引起电线振动，由振动发声原理，最终电线出现了风鸣现象。如果风振频率与电线的自振频率一致，还会引发共振，加大电线的风鸣声。

捷克物理学家V·斯特罗哈于1878年首次研究了电线风鸣音，并得出了卡门涡街的振动频率公式。计算表明，线径5毫米，风速2~30米/秒，20℃常温下，卡门涡街的频率为56~1165赫，风速越大，频率越高。但该频率范围均处在人类听觉感官能接收的声音频率（20~20000赫）范围内，因此在大风下可以听到电线发出的风鸣声。

除电线发出风鸣声外，卡门涡街还可使管式热交换器中管束（如图7-2所示）振动，发出强烈的振动噪声，使锅炉的空气预热器的管、箱发生振动和破裂等等。但是利用卡门涡街的这种周期的、交替变化的性质，可制成卡门涡街流量计（如图7-3所示），通过测量涡流的脱落频率来确定流体的速度或流量。

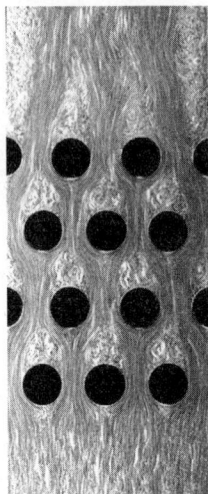

图7-2　热交换器管束

图7-3　卡门涡街流量计

一个简单的生活案例，在科学家眼中却成了科学研究的契机，并获得了巨大成果，这不能不引起我们的深思。

（陈　珊）

8 人能在水下潜多深

那波涛滚滚、浩瀚无边的大海中不乏潜水好手，如各种鱼类、海豚、海豹和海龟等，真正的潜水冠军当推号称"海中霸王"的抹香鲸，它以屏气法潜入水下可达 1 小时之久，最大潜水深度达 2200 米，而且出入自如。那么人类在没有潜水器保护下能在水下潜多深？这首先需要了解水深与水压的关系。

水中压力是与下潜的深度成正比的，每增加 10 米水深将增加 1 个大气压。在水深 2000 米的地方，一个指甲那么大的面积，便会承受到大约 200 公斤的压力。

正常人下潜 10 米已经感到耳膜刺痛，呼吸困难，一些专业潜水者能下潜 15 米，甚至 20 米。下潜的极限就是人对抗水压的极限，也是对抗体内生理功能的极限。

1996 年 7 月，古巴的著名潜水员弗朗西斯科，创造了深潜的世界纪录。在不使用呼吸器帮助的情况下下潜了 132.9 米。在他潜至 122 米深时，他的前胸后背承受的水压力达 50 吨以上，观察发现，他原本 127 厘米的胸腔竟被强劲的海水压缩到 50 厘米。

人在深潜过程中，容易发生减压病，稍不留意，就可能造成终身的残疾或者死亡。造成减压病的原因是，在下潜时，越来越大的压力会将他吸入肺中的空气里所含的氮气压迫进血液或别的组织液中。当他快速返回水面时，氮气就会骤然间从溶液中冒出来，这对于所有正常的生理活动都是毁灭性的打击，包括神经功能和血液循环。所以，潜水者在从深水下上升时，除必须遵守潜水表或计算器数据要求外，每上升 5 米作几秒钟的安全停留，才可以避免减压病的发生。

生活篇

深潜动物们（如图 8-1）为什么不得减压病呢？哈佛大学的动物学家吉米·卡瑞恩，不久前揭示了这一谜底。卡瑞恩发现生活在南极洲附近的海豹，它们可以下潜到七八百米的深度。但不论它们下潜多么深，体内的氮的浓度基本不变。原因是它们的肺被强大的水压迅速地压扁了，一开始就阻止了大量的氮气进入血液。所以深潜动物们免去了减压病的烦恼。

图8-1 深潜动物抹香鲸

那么也许读者会问，在七八千米的深海处，也发现有鱼类生存，它们怎么能承受深海巨大的水压力呢？确实，在 7000 米的深海处，其压力之大足以将一辆钢制的坦克压扁。原来，深海鱼类为适应环境，其身体的生理机能已经发生了很大变化。这些变化的最大特点在于，鱼体内的生理组织充满水分，保持体内外压力的平衡。这就是深海鱼类为什么在如此巨大的压力条件下也不会被压扁的原因。不过，读者的这个问题，与动物能深潜多深性质是完全不同的。动物能深潜多深指的是承受水压变化的能力，而深海鱼类只是在恒定深度的深海中能适应的承压能力。要是上浮或下潜千米，也许它也不能适应了。

了解了动物适应内外压力的生理功能后，不知读者能否解答为什么在夏日雷阵雨后的二三小时内，医院的高血压病人会增多？（答案在书中找）

（朱 靖）

9 饮水机原理揭秘

　　饮水机是日常生活必备物品，细心者会发现饮水机出水的速度并不随着饮水桶内水量的改变而改变，它出水的流速始终是不变的。而普通的敞口水桶其下端阀门的出水流速总是随着桶内水位高低变化的，桶内的水位越低，则出水流量越小，与饮水机的出水规律显然不同。这里有科学奥妙！它的奥妙就在下面这个部件——聪明座上。

　　饮水机结构如图 9-1 所示，分别由水桶、聪明座、蓄水箱、热水箱、供水管、通气管、冷热水龙头及电热器等部件组成。其中聪明座外形如图 9-2 所示，内有一个聪明头如图 9-3 所示。蓄水箱中储存有一定水量，表面与大气相通，当打开冷水或热水龙头时，水先自水桶流入到蓄水箱中，再从蓄水箱流出，因此蓄水箱相当于饮水机的供水箱。只要蓄水箱内水位维持不变，水龙头的出水量也就维持不变。那么在水桶中水满、浅情况下如何使蓄水箱的水面保持不变呢？其关键部件是聪明头。

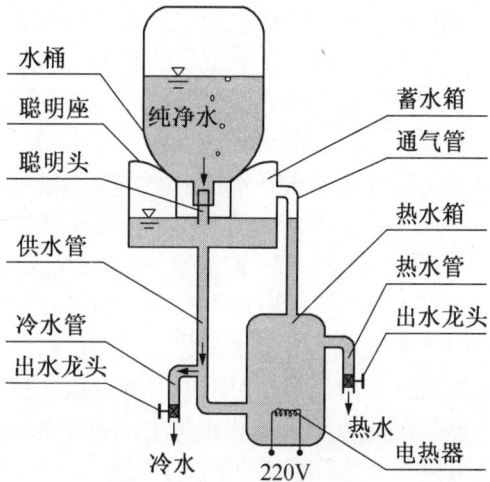

图9-1　饮水机结构示意图

水桶　聪明座　聪明头　供水管　冷水管　出水龙头　纯净水　冷水　220V

蓄水箱　通气管　热水箱　热水管　出水龙头　热水　电热器

图9-2　聪明座

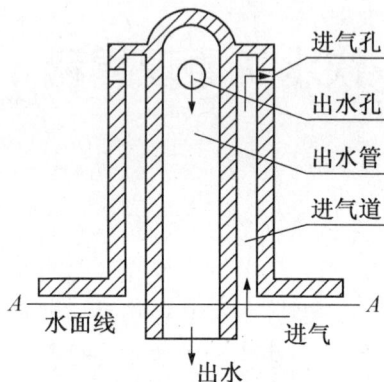

进气孔
出水孔
出水管
进气道

A　水面线　　　　　　　　　　　　　A
进气
出水

图9-3　聪明头原理

　　我们都知道，要让水桶中的水流出就必须向桶内补充空气，如果没有空气补充，水桶内将会产生一定的真空，在负压的吸引下，水不可能继续流出桶外。饮水机的水桶是倒扣在聪明座上的，聪明头插入桶口。如图9-3所示，图中 A–A 线为蓄水箱中的水面线，供水时，水自水桶经聪明头的出水管流入到蓄水箱中，使桶内产生一定的真空，在大气压作用下，空气经聪明头进气孔流入到水桶中。当停止供水时，只要蓄水箱中的水面略有升高，就会淹没聪明头的进气道，于是，桶内的水流就不再流出。所以，无论水桶中水是满是浅，或出水龙头开关与否，蓄水箱中的水位始终恒定在聪明头的气道口附近，因此能维持出水的流速不变。

　　其实，聪明头的原理与盐水吊瓶打点滴的原理类同（详见"点滴吊瓶的奥秘"），读者也许会问饮水机水桶中的水为什么不能像打点滴那样直排供水，而是要流经蓄水箱过渡呢？如果能省去蓄水箱，结构岂不更简单，饮水更卫生吗？这里的道理正是饮水机第二个奥妙之所在。不妨照此想法去掉饮水机中的蓄水箱，将图9-1改为聪明头出水管与供水管直接联通，那么可以想象这样会存在两个问题。其一，新换上的满桶，刚倒立时桶内尚未形成足够的真空，那么经聪明头的进气道就会有少量水漏出。其二，聪明头倒插在水桶口内，由于桶口不可能像盐水瓶口那样用橡皮塞密封，聪明头与桶口可能留有渗缝，因而在供水时气体可能经渗缝进入桶中，这样进气道也会向外漏水。如果没有蓄水箱，上述两种情况的漏水都会渗漏到饮水机机体上。如今设置了蓄水箱,情况如何呢？以第二种情况为例,当桶口的渗缝进气时,在阀门关闭，供水停止的情况下，水流仍然会经聪明头出水管流入蓄水箱中。这使蓄水箱与聪明座（两者是相通的）中的水位一起升高至桶口，淹没了桶口的渗缝,阻止了气流进入桶中，于是水位就恒定于这一高度基本不变。所以人们在换桶时经常发现聪明座内有一定深度的积水，这就是因桶口有渗缝所致。设置了蓄水箱就克服了直排供水以上两种缺点，这也就是饮水机的第二个发明点。

当然，以上的发明并非十全十美，相信将还有新的发明涌现。

饮水机原理还提示我们，它的使用是有讲究的。如果每次凭视觉所见桶中的水已用完就换桶，当你取冷水直饮时，由于所饮用的水不是桶中的直排水，而是来自于蓄水箱中的水，可能掺杂着前一桶的陈水而影响水质。因此，每次换桶时，必须将蓄水箱中的水用尽或排尽，即冷热水龙头无水排出，这样我们所饮用的水才是当前这一桶新鲜水。另外，饮水机是需要定期清洗的，在每次清洗时，都应取下聪明座，清洗里面的蓄水箱。

饮水机的小小发明，给我们千家万户带来多大的方便啊，这也许就是创造发明的价值所在吧！

（高　星）

10 血压计测量原理

　　了解了自己血压情况的你是否思考过，血压计的测量原理是什么？18 世纪英国人 S. Hales 对兔子测血压的实验中，是用管子将玻璃管与血管相联通，以玻璃管中的血柱高度来显示血压。他测得的兔子血压为 0.25 米血柱。那么如今的血压计是如何做到在不与血液接触的情况下测量的呢？

　　血压计是由气压包、测压计和听诊器三部分组成，其中测压计所测的压强为气压包中的气体压强。医生在给病人测量血压时，需要用听诊器测听血流的脉动声，这在测量中扮演了重要角色。然而，测血压的奥妙不在听诊器上，而是隐藏在血管的血流之中。这里我们需要先了解流体运动的两种状态，层流与湍流。

　　如图 10-1 所示，水在管中慢速流动，在水流流股中间注入一条颜色水，透过透明管壁可见这条颜色水能随管中流体稳定地、互不混掺地向前流动。说明这时管中流体质点作有条不紊地层状流动，无横向脉动。这种流动状态称之为层流。

图10-1　层流

　　如图 10-2 所示，水在管中快速流动，透过透明管壁可见注入管中的颜色水有抖动、混掺，甚至充满全管。说明这时管中流体质点作杂乱无章地湍动，质点碰撞激烈、横向脉动大。这种流动状态称之为湍流。

图10-2　湍流

不难理解，管中流体处在层流时因流体质点无碰撞故而发声强度小，难以测听到流动的声音；而在湍流时因质点碰撞激烈，发声强度大，因而可以测听到流体流动的声音。血压计的原理便是利用了层流、湍流两种流态不同的发声强度这个特性。

当气囊产生的压力足够大时，被测部位的血管受到气囊压迫而封闭，血液不能流通，当然也没有血流的声音。随着气囊不断放出气体，血管的外界压力逐渐变小，当小到比血液能产生的最高压强略小时，内压大于外压，受压的血管被撑开，瞬间，血液快速从小口中流过，形成湍流，发出响声，而医生捕捉到这一信息，记下对应的测压计所显示的压强，即为血液的高压，也就是收缩压。

再继续放出气囊中的气体，血管逐渐恢复到正常大小的过程中，血液的流动速度逐渐减小，并趋于稳定。湍流正在慢慢向层流转化，声音越来越小。这个时候，我们就可以清晰地听到血液随着心脏射血而有规律地流动的声音。甚至可以清晰地看到测压计的表值随着心跳上下波动。

慢慢地，外压接近于血管最低的内压，这时受压血管已完全打开，血管内的血液不再受到额外的阻力，流速减慢，形成了层流，层流的声音很小，几乎听不到。在声音消失的瞬间，医生记下水银血压计的压强，这就是血管所能达到的最低压强，即舒张压。

小贴士

血压计的发明与研制源于18世纪初的英国。英国医生哈尔斯把自己家里饲养着的一匹最心爱的高头大马作为测试血压的对象。他将一根 9 英尺长的玻璃管与一根铜管的一端相连接，接着将铜管的另一端插入马腿的动脉内，然后使玻璃管垂直，让马腿动脉血管里的血顺着玻璃管上升，这样就测得马的血压为 83 英寸的高度。这是与兔子血压测量同时期进行的早期血压测量实验。很明显，这样测量血压既不安全，也不方便，特别是对血管的破坏很严重，是难以用于人类的。于是，到 1896 年，意大利人里瓦·罗克西在哈尔斯测量马的血压的试验基础上，又进行了深入的分析与研究，经过大胆的试验，终于改制成了一种不破坏血管的血压计。这种血压计由袖带、压力表和气球三个部分构成。测量血压时，将袖带平铺缠绕在手臂上部，用手捏压气球，然后观察压力表跳动的高度，以此推测血压的数值。显然，以这种血压计测量血压较之哈尔斯的测量方法要科学、安全得多。但是，它也有很大的缺陷，只能测量动脉的收缩压，而且测量出的数值也只是一个推测性的约数，欠准确。为了克服这些不足，大约 10 年后，俄国人尼古拉·科洛特科夫对里瓦·罗克西的血压计作了改进：基本构造不变，只是在测定血压时，另在袖带里面靠肘窝内侧动脉搏动处放上听诊器。在测量时，当听到听诊器中传出的第一个声音时，水银柱所达到的高度就是收缩压，接着水银柱下降，到脉搏跳动声音变弱时，此时水银柱所在的高度就是舒张压。大量临床应用证明，这种血压计测定血压的方法既科学，又安全、准确。所以，它一直沿用至今。

时下的电子血压计正在流行，有臂式、腕式与指夹式。后两种血压计确实有携带方便的优点，但专家指出，这两种血压计实际上准确度不如臂式血压计。因为血压指的是人体体表大血管的血压，而腕式和指夹式血压计是先测得人体末端小血管的血压，然后再通过换算，得出大血管的血压。多了一次换算过程，自然也就多了一分误差。

（王　珞）

11 汽车的阻力来自前方还是后方

汽车的阻力到底是来自前方还是后方？难道汽车的后方也有阻力？这在常人看来，似乎是一个不可理解的谜。

汽车自上个世纪末诞生以来，已经走过了风风雨雨的一百多年。从卡尔·本茨造出的第一辆三轮汽车以 18 千米的时速开始，跑到现在，竟然诞生了从速度为零至加速到 100 千米/小时只需要三秒多一点的超级跑车，而汽车的有效能耗却不断降低。这一百年，汽车发展的速度是如此惊人！在这一发展过程中，什么是推动汽车发展的重要科学技术呢？首当其冲的要数空气动力学。这里有一个对汽车阻力的认识过程和如何减阻的探索过程。

汽车行驶过程中阻力主要是地面的摩擦力和空气阻力，而空气阻力是主要的。空气阻力又分为气流对车身的摩擦阻力和气流对汽车形状造成的形体阻力。而形体阻力比摩擦阻力要大数倍乃至数十倍。因此研究空气阻力，主要是研究汽车的形体阻力。

最早人们认为汽车高速前进时空气阻力主要来自车前部对空气的撞击。因此那时人们发明的汽车后部是陡峭的，称为箱型车。

通过空气动力学分析发现了前人的观点是错误的。其实，汽车在高速行驶时空气阻力主要来自后方。

汽车前方空气的压力变化波动不大，汽车后部则因为高速行驶而产生了尾部涡流（如图11-1 所示），导致后方气压减小。由于汽车前方的空气压力大于其后方的空气压力，因而产生一个压力差。这个压力差称之为汽车的形体压差，由形体压差造成的阻力称为形体阻力。

形体压差越大，汽车受到的阻力也就越大。汽车迎风面截面积相同情况下，所受阻力大小可用阻力系数来表示。汽车的阻力系数一般在 0.1~0.8 之间，系数越大，阻力越大。图11-1 所示的箱型车阻力系数约为 0.8，表明后部陡峭型车的阻力很大。

图11-1　箱型车的尾流

　　自从人们了解了汽车阻力主要来自于汽车尾部形状所产生的形体阻力后，就不断地对汽车的形体进行研究改进。图11-2 所示为汽车形体优化过程中不同形体对应的阻力系数（C_D），表明汽车的空气阻力系数从最早的 0.8 降到当今的 0.2以下，也就是说最早汽车的空气阻力是现代汽车阻力的 4 倍以上。由于当代汽车的空气阻力大幅减低，因而其汽车性能也得到了极大提高。

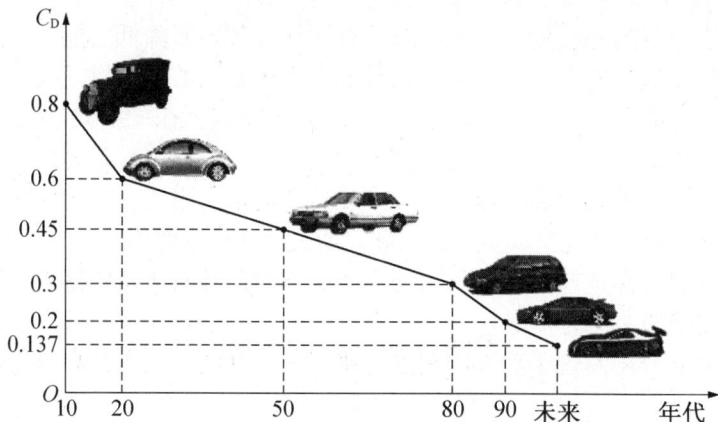

图11-2　汽车形体与阻力关系

　　那么什么样绕流体的形体阻力最小呢？当属如图 11-3 所示这种流线型绕流体。它的形状是圆头尖尾巴，跟鱼的体型相似。流体流过这种型体时，在尾部不分离，也不会产生涡流，因此它的形体压差最小，流动阻力也最小。很多水中的潜体，如鱼雷、潜艇等，其体型都为流线型。对于汽车来说，它的体型不可能做成圆头尖尾巴的形式，但外形应尽量接近流线型。也许，人们会想尖头圆尾巴不是更好吗？如图11-4所示，这时，在圆头的尾部仍然会产生尾涡，显然不属于流线型绕流体，其流动阻力要大得多。因此，同样一种形状，其迎流方向不同，产生的阻力往往相差很大。

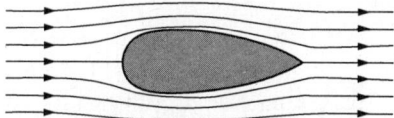

图11-3　流线型绕流体　　　　　　　　图11-4　倒置的流线型绕流体

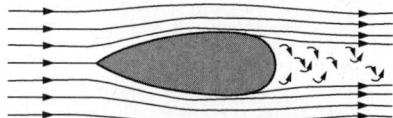

在当今这样一个面临能源危机的时代，汽车必将朝着低耗能、高效率的方向发展，流体力学为此做出了不可磨灭的贡献。目前在汽车外形设计中空气动力学性能研究占主导地位，合理的外形使汽车具有优良的动力学性能，包括更高的速度，更好的操控性、稳定性和更低的油耗等。

本文阅后，相信读者不难回答："鱼的体形为什么大多是圆头尖尾的？"（答案在书中找）

（陈郁栋）

12 神奇的香蕉球

　　如果你经常观看足球比赛的话，一定见过这样一些精彩的罚前场任意球的情景：防守方五六个队员在球门前方排成一道人墙，挡住进球路线。进攻方的主罚队员起脚劲射，足球绕过人墙，眼看像要偏离球门划框而出，却又沿着弧线拐过弯来直向球门，让守门员措手不及，眼睁睁地看着足球飞入球门，这就是颇为神奇的香蕉球。而此时在场边观看足球比赛的球迷也许会一边为这样精彩的任意球破门得分而激动赞叹，一边心中暗自纳闷惊奇：足球在飞行过程为何会划出那样一道弧线呢？这似乎是有悖常理的。那么这种神奇的香蕉球是如何踢出来的呢？

图12-1　香蕉球射门

我们知道当球在空中飞行时，不但使它向前，而且使它不断旋转，由于空气具有一定的黏滞性，因此当球转动时，空气就与球面发生摩擦，旋转着的球就带动周围的空气一起转动，如图12-2所示。若球是沿水平方向向左运动，同时绕垂直纸面的轴向做顺时针转动，则空气流相对于球体来说除了向右流动外，还被球旋转带动的四周空气环流层随之在顺时针方向转动。这样在球上方的空气速度除了向右的平动外还有转动，两者方向一致，流速相加，速度加快；而在球的下方，平动速度（向右）与转动速度（向左）方向相反，流速抵消，速度减慢。因此球体上方空气速度大于下方速度。根据流体力学的伯努利定理，速度较大一侧的压强比速度较小一侧的压强小，所以球上方的压力小于球下方的压力，使球体受到一个向上的升力。这样球在水平向左的运动过程中，将一面向前、一面向上做曲线运动，球就向上转弯了。若要使球能左右转弯，只要使球绕垂直轴旋转就行了。这在力学界被称作马格努斯效应。

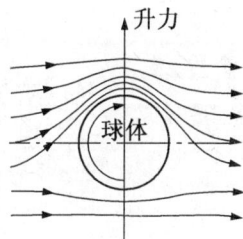

图12-2 香蕉球原理

小贴士

　　　　马格努斯效应是德国科学家 H.G. 马格努斯于1852年发现的，故得名。在静止黏性流体中等速旋转的圆柱，会带动周围的流体做圆周运动，绕轴旋转着的圆柱体在作横向运动时，将承受流体给予的与运动方向相垂直的力。这种现象，我们称它为马格努斯效应。足球、排球、网球以及乒乓球等的侧旋球和弧圈球的运动轨迹之所以有那么大的弧度也是由于马格努斯效应。

（宋俊峰）

生活篇

13 为何高尔夫球表面粗糙的比光滑的飞得更远

　　人们总以为表面光滑的高尔夫球比表面粗糙的能飞得更远，可实际上正好相反，这其中有着非常重要的科学奥妙。

　　高尔夫球是一项古老的运动，确切的起源至今不明。有人说高尔夫球起源于罗马的一种叫做"paganica"的游戏。这种游戏用一根弯棍和填充羽毛的足球进行。其他人将高尔夫球追溯到荷兰的"het kolven"，法国和比利时的游戏"chole"，以及英国的游戏"cambuca"。不过，最为人们所广为接受的说法是高尔夫球起源于12世纪的苏格兰。在圣·安德鲁斯俱乐部的现址上，那时的苏格兰牧羊人常将石头抛掷到兔子洞中。

　　最早，高尔夫球比赛用填充羽毛的由皮革覆盖的球进行。直到1848年，高尔夫球手才用古塔胶球，一种由古塔胶（一种橡胶材料）制成的实心球。古塔胶球于1898年被由美国高尔夫球手科本·哈斯克尔发明的橡胶内核的球所代替。然而人们发现，使用时间长的球反而容易打得远，这引起了人们的好奇。观察发现，新球表面十分光滑，而使用时间长的球表面橡胶有的地方开裂了，有的地方磨损了，造成球表面十分粗糙。这说明表面粗糙的球比表面光滑的球更容易打得远。所以现在的高尔夫球设计成表面有很多小凹坑，不光滑。那么究竟是什么原因造成高尔夫球表面粗糙的比光滑的飞得更远呢？

　　从流体力学的角度分析：一个高速飞行的高尔夫球，其前方会有一高压区。空气流经球的前缘再流到后方时会与球体分离，如图 13-1（a）所示。图中 C 点表示分离点，在 C 点后形成旋涡区，称为球体的尾流区。此区域气流紊乱，压强降低，造成球体前后较大的压力差，由此作用在球上的力称为形体阻力。形体阻力是高尔夫球高速飞行中最主要的前进阻力。尾流的范围会影响阻力的大小。通常说来，尾流范围越小，球体后方的压力就越大，空气对球的阻力就越小。小凹坑可使空气紧贴球面，使得平滑的气流顺着球形多往后走一些，分离点 C 后移，如图 13-1（b）所示。也就是说，光滑的球比粗糙的球的形体阻力更大，因此表面粗糙的高尔夫球能飞得更远。

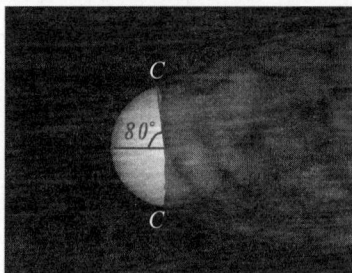

a. 光滑的球　　　　　　　　　　　b. 表面有凹坑的球

图13-1　高尔夫球

　　小凹坑也会影响高尔夫球的升力。由"神奇的香蕉球"一文可知，一个高速飞行的顺时针回旋球，能使球下方的气压比上方高，这种不平衡可以产生往上的升力。有凹坑的高尔夫球更容易带动空气旋转，由此产生的升力可以达到光滑球的一倍。大多数的高尔夫球有300～500个小凹坑，每个坑的平均深度约为0.025厘米。阻力及升力对凹坑的深度很敏感，即使只有0.0025厘米这么小的差异，也可以对轨迹和飞行距离造成很大的影响。

　　研究表明，在同样大小和重量下，有凹坑的球所受的阻力大约只有光滑球的一半，飞行距离为光滑球的 5 倍。

没想到吧，一个小小的高尔夫球里竟然藏着这么多的奥秘，其实，流体运动原理在我们生活中是无处不在的，只要你用心观察，就能发现它的踪影。

（胡文佳）

"飞机被'托'着飞还是'吸'着飞"一文的问题解答

问题1解答：如答图1所示，跑车尾部"扰流板"（也称气流偏导器）的形状是向下拱曲，底部呈弧形，这相当于一只倒置的机翼。扰流板是为了克服汽车高速行驶时易"打飘"的现象而设置的。根据原文机翼受力分析知，扰流板的压强上部大，下部小，使汽车尾部受到向下的压力。汽车跑得越快，作用在扰流板上的方向向下的压力就越大，车子后轮的附着力就越大，行驶越稳定。

答图1　跑车尾部"扰流板"图

问题2解答：据《天工开物》记载，在我国明代中叶前，木帆船已能逆风行驶，并拥有全风向航行的能力。究其原因，帆船逆风而行所靠的最主要动力是吸力。根据伯努利原理，流体速度增加，压力就会减低。空气要绕过向外弯曲的帆面，必须加快速度，于是压力减小，产生吸力，把船帆扯向一边。船帆背风一面因压力降低而产生的吸力相当大，可比迎风一面的风推力大一倍。当逆风航行时，帆船的受力如答图2所示，风在帆两侧产生的吸力和推力，使风帆受到沿逆风方向呈一定角度的推动力，在舵或龙骨的作用下帆船能以一定角度折向迎风方向航行。当然帆船不能长时间完全正面顶风前行。一艘长12米的帆船可与风向成12~15度的夹角逆风行驶。如果航行目标在迎风的正前方，则必须以"之"字形路线航行。逆风行驶时，船与风向的夹角越小，速度越慢。舵手若以角度较大的"之"字形路线航行，船速会加快，不过航程会更长。

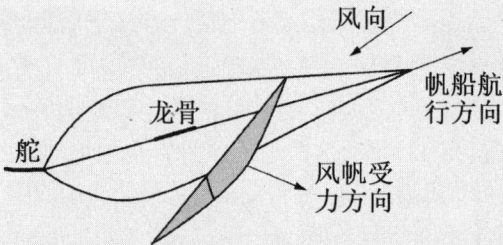

答图2　逆风航行帆船的受力图

14 站台安全线的由来

　　乘过火车的人都知道火车的站台上有一条白色标识的安全线（如图 14-1），也叫警戒线，人们在排队上车时必须要站在安全线外，以防止意外。其实，在火车站台上标出醒目的安全线，已有相当长的历史。当人们刚开始利用火车这种运输工具时，火车站台上的安全措施并不完善，也没有想到要在站台边加安全线。那么安全线是怎么来的？这要追溯到上世纪所发生的一件极其严重的人身伤亡事故。

　　1905 年冬天，在莫斯科至西伯利亚的一个名叫鄂洛多克的小站上，站长正率领全站 38 名员工，迎接俄国沙皇派往西伯利亚的一位钦差大臣。他们为了表示对沙皇的忠心，全体手持花束，列队站在铁路两旁。不久，火车驶来，但它并未因有人欢迎而减慢速度，却仍是风驰电掣般地冲进了"人巷"，呼啸而过。这时，站台上的人好像被人猛推了一下，不由自主地向前倒去，结果造成 34 人丧生，4 人终生残疾。

　　惨案发生后，引起俄国上下强烈震动，纷纷要求严惩肇事的凶手。但是，办案人员虽经多方调查，仍一无结果，后在科学家的帮助下，运用瑞士科学家伯努利所发明的定理，终于找到了事故发生的原因。原来，人们列队站在火车两旁，犹如两道人墙将火车夹在中间，当火车快速驰过时，由于距离较近，人墙与火车之间形成了一股高速气流。造成人们身前的空气流动较快，身后的空气流动较慢，根据伯努利原理，流速快压强低，流速慢压强高，使人身前身后产生压力差，由此在人身上产生的压力竟可高达几十公斤。这就是为什么快速列车开过时，人容易向前倒下去的原因。自此以后，人们便懂得火车驶过，人要防止被火车"吸

"进去"的科学道理。

当然从上述例子我们看到的是许多人组成的"人巷"被火车"吸进去"的状况。如果只是一个人呢？答案是显然的，一个人也会受到高速列车的吸引力，但相比人墙来说吸引力会小一点。因为单体情况下，由于火车造成身前身后的速度差要比人墙小得多，压差也小得多。不过，由于这个吸引力是突然而至的，因此也可能是致命的。所以，对于高速行驶的火车、汽车，人们都要保持足够的安全距离。

为了确保人身安全，世界上所有站台都画上了一条安全白线，如图14-1所示，当时规定的安全线距离站台边缘1米，也就是说乘客候车时离开火车的距离不得小于1米。为配合铁路提速的需要，保证乘客的安全，新安全线必须后移，铁道部规定新安全线的距离是：乘客与火车的距离将达到2.5米。

图14-1　白色标识的安全线

（陈郁栋）

二、生产篇

15 飞机被"托"着飞还是被"吸"着飞

飞机作为人类最伟大的发明之一，实现了人类翱翔太空的梦想。当你看到一架架飞机从上空飞过时，或者当你坐在机舱里看着飞机长长的机翼在白云间掠过时，也许会想到飞机的机翼是怎样承受飞机的重量呢？如果有人要问，飞机的升力来自机翼的上方还是下方，或者说飞机是被"吸"在空中的还是被气流托在空中的？我们也许会毫不犹豫地回答："被气流托着，升力主要来自机翼的下方。"不是吗，人站在地上是地面给你脚下的反力，人浮在水中是身体的下面受到水的浮力，氢气球悬在空中也是球体的下面受到空气的浮力，难道这样的回答会有不妥？其实，何止不妥，而是颠倒了。平飞时，飞机的升力不是来自下方，而是来自机翼的上方，也就是说飞机是被"吸"在空中飞行的。这究竟是怎么回事呢？

飞机机翼的翼剖面又叫做翼型，一般翼型的前端圆钝、后端尖锐，上表面拱起、下表面较平，呈鱼侧形，如图15-1所示。前端点叫做前缘，后端点叫做后缘，两点之间的连线叫做

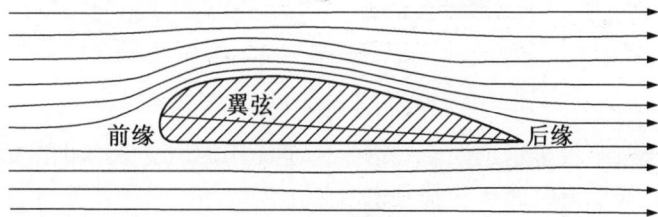

图15-1 机翼绕流

翼弦。当气流迎面流过机翼时，被分成上下两股，通过机翼后，在后缘又重合在一起。由于机翼上表面拱起，使上方的那股气流的通道变窄，流速加快。根据气流的伯努利定理，流速快压强低，流速慢压强高，因此机翼上方压强减低，造成机翼上下两侧的压力差，这个压力差就是机翼产生的升力。也就是说，由于机翼上方的压强降低而使机翼受到气流的吸力而形成一个向上的升力。所以说飞机在平飞时，升力主要来自机翼的上方而不是下方。

为了证明上述理论，我们可以在实验室观察分析机翼绕流的流线分布演示实验。所谓流线是指线上的所有流体质点的运动方向与该曲线相切。图15-2为流动演示实验照片，气流的运动方向自左向右，在左侧的起始断面上等间隔发出一系列染色线，随气流运动形成流线。由流动显示可见，机翼向天侧（外包线曲率较大侧）流线比起始断面流线密很多，表明流速较大，压强较低；而在机翼向地侧，流线疏密变化不大，表明流速与压强的变化也不大。这表明整个机翼受到向上的升力是由于机翼上方的气压降低所致。在机翼腰部开有沟通上下两侧的孔道，孔道中有染色电极。在机翼上侧的吸力作用下，有分流经孔道从向地侧流至向天侧，通过孔道中电极释放染色流体显示出来，表明这个吸力的存在。

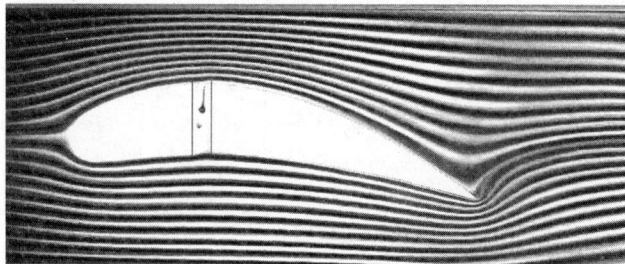

图15-2　机翼绕流的流线分布演示实验

上述演示实验设备不仅显示结果使人信服，而且其实验设备本身的发明更令人新奇。目前，国外使用最广泛显示流线的装置都是以水为工作流体，采用注入颜色水的方法。其优点是简单、直观；缺点是对流场有干扰，影响显示效果，且不能自循环，颜色水对环境有污染。

由本书主编亲自设计发明的流线显示实验装置，采用自主创新的电化学法电极染色显示流线技术，图 15-3 所示的以平板间狭缝式流道为流动显示面。图中显示面由两块透明有机玻璃平板贴合而成，平板之间留有狭缝作为过流的通道。工作液体在水泵驱动下，自仪器下部的蓄水箱流出，自下而上流过狭缝流道显示面，再经顶端的汇流孔流回到蓄水箱中，图中箭头表示流向。在显示面底部的起始段流道内设有二排等间距的电极，如图 15-4 所示。

图15-3　流线演示实验装置图

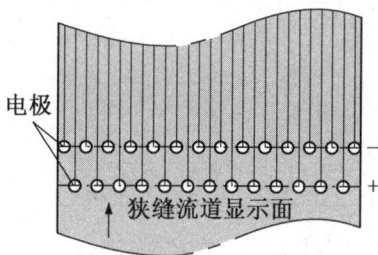

图15-4　电极设置

工作液体为一种橘黄色的显示液，水泵开启，工作液体流动，流经正电极液体被染成黄色，流经负电极液体被染成紫红色，形成红黄相间的流线。工作液体流过显示面后，经水泵混合，中和消色，可循环使用。图 15-2 为该实验装置显示的效果图。

小贴士

电化学法电极染色原理如下：

工作液体是由酸、碱度指示剂配制的水溶液，当其酸、碱度呈中性（pH 值为 6-7）时，流体为橘黄色；若略呈碱性（pH>7-8）时，液体变为紫红色；若略呈酸性（pH<6）

时，液体则变为黄色。水在直流电极作用下，会发生水解电离，水解离子方程式为：

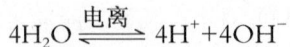

$$4H_2O \xrightleftharpoons{\text{电离}} 4H^+ + 4OH^-$$

在阴极（"–"极）上有

$$4H^+ + 4e = 2H_2 \uparrow$$

剩余的 $4OH^-$，使阴极附近原为中性的液体变为碱性，则被染成紫红色。

在阳极（"+"极）上有

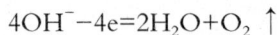

$$4OH^- - 4e = 2H_2O + O_2 \uparrow$$

剩余的 $4H^+$ 使阳极附近原为中性的液体变为酸性，则被染成黄色。

当将阴、阳电极附近液体混合后，即发生中和反应，工作液体仍然恢复到电解前的酸碱度（中性），液体可循环使用。至于电极上产生的氢、氧气体，当电极电压小于 4V 时，所产生的气体是微量的，能溶于水，不会形成气泡干扰流场。

不知大家有没有察觉，有些飞机的翼尖上会有一块如图 15-5 所示向上翘起的翼端小翼？它的作用又是什么呢？

图15-5　翼端小翼

翼端小翼的用途是减少飞机翼尖所产生的涡流。如前所述，飞机飞行时机翼所承受的压强上方小，下方大，在翼尖处，下方的气流就会向机翼上方流动，形成一股涡流。大型飞机所形成的涡流非常强劲，如果有小型的飞机靠得太近的话，很可能会因涡流而翻转。涡流会消耗飞机的能量，而翼端小翼能够阻止涡流形成，并减少飞机所承受的阻力，因而能够节省燃料。目前有数种飞机装有传统的直立式翼端小翼，如波音 747-400、空中巴士 A330 及 A340，等等。另有一些机型则装置了"混合式"翼端小翼，如波音 737，外形略微卷曲，而非笔直向上。这种混合式翼端小翼在自然界有对应的例子，如有些鸟儿在滑翔时会将翅膀顶端向上卷起以减少阻力。

明白飞机被吸在空中的奥妙的你，能解释跑车尾部"扰流板"（也称气流偏导器）的力学功能与作用吗？能解释帆船逆风航行的原理吗？（答案在书中找）

（胡文佳）

二 生 产 篇

16 突然扩大管段与突然收缩管段的水流能量损失哪个大

现代水利工程中，管道的应用是再常见不过了。但是小小管道里也蕴含着科学的原理。

也许大家会发现，在不同的地方自来水龙头全开下的流速不一样。那是什么因素造成的呢？这些因素有：水塔水面到水龙头的高度，出水处离水塔的距离，引水管的粗细等等。但其根本原因是水在流动过程中的能量损失（也称水头损失）。水从水塔流至出水处，既要克服沿程水头损失，还要克服水管形状变化引起局部旋涡造成的局部能量损失，如弯管、管道突然扩大与突然收缩等流段，都会产生较大的能量损失。在管道设计中，为了减少能量损失，都会优化管道的布置与管径选配。为了减小局部能量损失，往往需要对局部管段作合理配置，但是由于直观认识的误区，常造成事与愿违的后果。比如说，突然扩大管段与突然收缩管段相比（如图 16-1 所示），在管径和过流量都相同情况下，究竟哪种管段的能量损失更大呢？

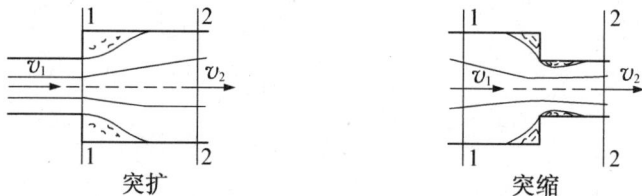

突扩   突缩

图16-1 管流的突然扩大与突然缩小流段

人们往往直观地认为突然扩大流动阻碍小，突然收缩流动阻碍大，因此突然收缩的能量损失比突然扩大的管段大。其实恰恰相反，在很多情况下，突然扩大的能量损失比突然收缩的管段大。这是什么原因呢？

如上所述，局部管段因形状改变造成的局部能量损失是由旋涡造成的，旋涡区越大，旋涡区的湍动度越大，那么造成的能量损失也越大。图 16-2 是以微气泡为介质显示的突扩与突缩流动照片。由照片可见，在突扩管段的出口附近，有较大的旋涡生成，且激烈旋转，而在突然收缩流段上，仅在拐角处附近有少量的旋涡产生。实验研究表明，当缩、扩的管径之比小于 0.7 时，突扩段的能量损失要比突缩段大。

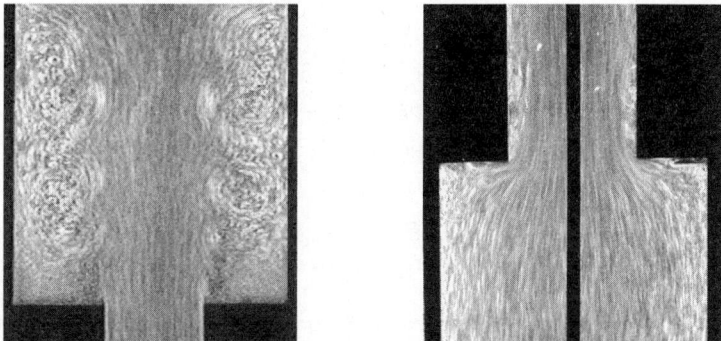

图16-2　突扩与突缩微气泡流动显示照片

这种情况有时也反映在管流逐渐扩大和逐渐缩小的管段上，以及河道的收缩与扩大流段上。更有意义的是，流道的缩小与扩大的流动特性，有时还用于流道的稳定性设计。比如渐缩段的能量损失小，流动易趋于稳定，常在明渠流的实验流道前，设计一段渐缩管，使实验管段流态更稳定。而利用突扩的能量损失大的特性，人们设计了消能设施，如小浪底水电站的孔板消能等。

（陈郁栋）

二

生

产

篇

49

17 国家级科技进步奖——小浪底水电站孔板消能是怎么回事

　　自古以来黄河像是一匹很难驯服的野马，它恣意奔流，滔滔不息，屡屡改道。历史上，黄河曾无数次泛滥成灾，每次都吞噬掉万顷良田，摧残无数生灵。

　　长久以来，黄河的问题令两岸的华夏子孙头疼不已。因此，新中国成立以来，已经在黄河上建立了三门峡水库（图17-1）等一系列治理黄河的水利工程。并通过多种途径，努力实现根治黄河肆虐并造福于民的宏伟目标。

　　小浪底水利枢纽工程是根治黄河的又一宏大工程。它位于中国河南省洛阳市以北约40千米的黄河中游最后一个峡谷出口处，上距三门峡水利枢纽130千米，下距郑州黄河京广铁路桥115千米，地理位置特殊，工程规模巨大，属国家八五重点项目。

图17-1　三门峡水库

工程以防洪，防凌，减淤为主，兼顾供水、灌溉、发电、蓄清排浑，与现有其他防洪工程联合运用，可减轻大堤和三门峡水库的压力，增加下游防洪的安全程度，并减少滞洪区的运用，使黄河下游防洪标准由60年一遇提高到千年一遇，基本解除凌汛威胁。利用蓄清排浑方式，

75.5亿立方米拦沙库容拦沙，汛期调水调沙，可减少下游河道淤积96亿吨，相当于20年下游河床不会淤积抬高，同时每年增加20亿立方米的供水量。除害兴利，造福人民，是治理开发黄河的重要战略性工程。

小浪底水利枢纽由于水沙条件特殊、地质条件复杂和运用要求高等多种因素的综合影响，是世界上最复杂、最具挑战性的水利工程之一。因此，建造小浪底的过程中，相关的专家因地制宜，采取了多种创新方法，涌现了一批发明创造，其中小浪底多级孔板消能泄洪洞的总体设计、改建施工和原形观测试验都达到世界先进水平，为以高土石坝作为挡水建筑物的水利枢纽解决泄洪问题开辟了新的途径，获得了"国家级科技进步奖"。

为了得以正常地泄洪排沙，小浪底工程9条泄洪隧洞分三层布置：高位布置的3条明流泄洪洞、位于发电进水口下面的3条排沙洞和由导流洞改建成的前压后明带中闸室的3条孔板消能泄洪洞。假若按常规方法把导流洞改建为泄洪洞，那么，水头达140米，洞内流速将达48米/秒，这么高能量的水快速从高处恣意地下落，当它们到达地面时，速度突然间变为零，这种冲击力的破坏性是不可估量的。然而工程坝址处基岩主要为二叠、三叠纪砂岩、粉砂岩、黏土岩，存在有强度较低的"泥化夹层"，河床覆盖层为冲积砂卵石层，右岸沟西及东坡前缘存在古滑坡，坝基下有12条断层，左岸泄洪建筑物布置区有6条断层。坝址基本地震烈度为7度。因此，坝址处基岩不能承受导流洞直接泄洪的抗冲要求，若要把导流洞改建为泄洪洞，就必须采用特殊的消能措施。

水利专家们想到了孔板，顾名思义，孔板就是设在管道中开有孔口的环状隔板。在洞中设置孔板环后，利用水流通过孔板环的孔口时产生突然收缩和突然扩散，形成强烈湍动的剪切流实现洞内消能，如图17-2所示。这就是孔板理论。

建设者们因此也在小浪底工程的压力洞洞身上游压力段内设置三道内径小于洞径的环形孔板，孔板的间距按单级孔板的消能规律，取为洞身直径的3倍。孔板环内径分别为10米和10.5米，孔板处过水

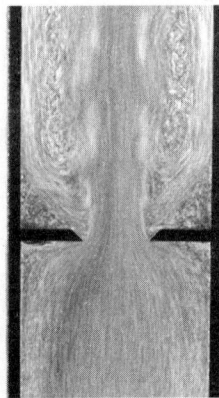

图17-2 孔板消能流动
显示照片

面积为 78.5~86.5 平方米，为断面总面积的 47.6%~52.4%。小浪底工程在国内首次将导流洞改建为龙抬头多级孔板消能泄洪洞，孔板尺寸是世界上最大的。实践表明，小浪底工程孔板消能创新设计既利用了导流洞，又解决了洞口外消能条件不具备的工程制约瓶颈，实现了洞内消能设计目标和预期效果。

在小浪底水力发电站的设计建造过程中，很多发明创造的原理都是我们书本上一些很简单易懂的理论，而所谓的学习中的思考过程或是说学习知识后的结果应该包括有意识有目的地去应用这些知识。这样的过程才能够使知识真的融入自己的日常意识中。

作为正处于学校与社会之间的大学生们，培养自己的创造性思维和创新能力是必不可少的。这种能力并不是天生的，我们在人生的任何一个阶段，都可以通过正确的训练来达到。将简单的科学原理简便而巧妙地应用到实际生产与生活中，这就是发明创造最为基本、最为重要的方法。

有了这样的意识作为日常学习的指导，我们就能自信地说，发明创造，其实离我们并不遥远。

（王　珞）

18 拦污栅振动与断裂

　　小小拦污栅随处可见，总以为对它的危害不值得探究。其实，在水利工程中，拦污栅往往是一个大型的构筑物，而引起它振动与侧向断裂的原因曾使科研人员一筹莫展。

　　拦污栅设在进水口前，用于拦阻水流挟带的水草、漂木等杂物（一般称污物）的框栅式结构。拦污栅由边框、横隔板和栅条构成（如图18-1），支承在混凝土墩墙上，一般用钢材制造。栅条间距视污物大小、多少和运用要求而定。水电站用的栅条间距取决于水轮机型号及尺寸，以保证通过拦污栅的污物不会卡在水轮机过流部件中。泄水隧洞和泄水孔一般不设拦污栅，如洞径或孔径不大，而沉木较多需要设置时，栅条间距宜加大。拦污栅所受荷载，除自重外，主要是污物堵塞后，在栅前后由于水位差形成的水荷载，一般按 2～4 米水头考虑。若拦污栅发生阻塞，拦污栅前后的水位差即增加，即水流对拦污栅的作用力增大，严重的甚至会发生拦污栅结构的变形以致遭到破坏。可是在实际工程中，在长期运行后，即使无污物堵塞，也就是说在水流顺畅情况下，拦污栅也会发生断裂。而且断裂容易发生在与来流垂直的方向（沿拦污栅平面方向）上。这正是一种鲜为人知、且常常被忽视的原因造成的。

图18-1　拦污栅模型

　　其中的原因还得从单圆柱体的圆柱绕流说起（参考"电线风鸣的学问"一文），当水流流过拦污栅圆杆时，会在杆后产生频率交替变化的卡门涡街，并使圆杆受到交替变化的侧向力，并引起栅杆的振动。这种振动称之为水流激振，该激振力的频率随流速的增加而增加。如果栅杆的自振频率与水流激振频率一致或接近，易产生共振，久而久之，栅杆就容易疲劳破坏而断裂。因此，对于重要的工程，在设计拦污栅时，除了校核栅前后由于水位差形成的水荷载之外，还需校核水流的激振频率和栅杆的自振频率。

例如计算表明，对于钢质拦污栅，当直径为 10 毫米，杆节长 1 米，自振频率为 20 赫，若水流过拦污栅的流速为 1 米 / 秒时，杆后的卡门涡街频率为 19.8 赫；当直径为 20 毫米，杆节长 1 米，自振频率为 40.6 赫，若水流过拦污栅的流速为 4 米 / 秒时，杆后的卡门涡街频率为 39.59 赫，都可能引起拦污栅共振。

拦污栅的损坏，可能使杂物进入泵或水轮机内部，从而引发重大的工程事故。因此拦污栅的问题不能轻视。

（高　星）

19 潜艇在水下与在水面上的最大航行速度哪个快

　　潜艇是现代军事中最具威胁性的兵器之一，它既能在水面航行，又能在深海潜航，行动莫测，所以先进的潜艇能在保卫自己国家的领海中起着重要的作用。潜艇是如何实现自由地上浮下潜的呢？其实原理很简单，大家一定记得初中二年级学过的阿基米得原理吧。阿基米得洗澡时想到的辨别王冠真伪的方法数千年来一直传为美谈，而他的原理也深入人心。物体浸入液体（气体也适用）时，所受浮力等于排开液体（气体）的重力。当潜艇需要下潜时，就向水柜（舰体内有许多大小不同的水柜）内充水，直至潜艇的重量大于所受浮力；反过来，当潜艇需要上浮时，把水柜中的水排出，直至潜艇的重量小于所受浮力。而当潜艇的重量等于所受浮力时，潜艇就能潜在水中，自由航行。

　　速度是潜艇的重要作战性能，那么潜艇在水下与在水面上的最大航行速度哪个快呢？答案是水下的最大航速比水面的快。为什么？

　　影响潜艇的航行速度主要是行进阻力。潜艇在水面上航行时所受的阻力一般有摩擦阻力、旋涡阻力、兴波阻力、突出体阻力和空气阻力。在水下航行时空气阻力就不存在了。由波浪造成的兴波阻力也会随着潜艇的下潜深度的增

图19-1　潜艇

二 生产篇

加而减小。也就是说，水面惊涛骇浪时，水下可能风平浪静。这样，影响潜艇水下航速的阻力就只剩下摩擦阻力、旋涡阻力和突出体阻力。所受的阻力都随着航速的增加而变大。

如果潜艇都是以同样的低速航行，其在水面所受到的阻力要小于水下受到的阻力，航行的速度以水面为快。这是因为潜艇在水面低速航行时，其兴波阻力和空气阻力都相当小，所面对的只是摩擦阻力和旋涡阻力；而潜艇在水下状态时浸水表面积大大增加，会使摩擦力较水面增大许多，同时由于潜艇在水下时一些突出体（如指挥台）入水后会增加突出体阻力，所以潜艇水下低速航行时的阻力要大于水面低速航行的阻力，也就是说，低速水下航行比低速水面航行要消耗更大的功率，在相同动力下，其水下航行速度自然低于在水面航速。

然而在高速航行时，就会出现与上面所讲的完全不同的状态。随着航速的增加，潜艇在水面上的空气阻力和兴波阻力将大大增加，使总阻力值大于在水下高速航行的潜艇的总阻力值。据计算，当潜艇的速度达到一定值时，水面阻力甚至是水下阻力的两倍，其结果也就可想而知了。此外，因潜艇的主要活动是在水下，在动力装置的设计上主要考虑的也是尽量减少水下的阻力，以适应在水下航行的特点，所以说潜艇的水下航速高于水面航速。另外，潜艇头部形状也会影响航速，如船首型的潜艇水面航速快，水滴型或楔型艇首的潜艇在水面航行时会出现埋首现象，影响航速，故也使其水下航速高于水面航速。其实在早期，由于潜艇要经常浮出水面充电，在水面的航速被设计得要高于水下航速，但随着现代对水下航行的需要增大，科技工作者往往在设计时更多地考虑水下航行。

所以，一般来讲，潜艇的最大航行速度水下较水面更快。

但是，潜艇在水下航速有时也会受到条件限制，比如潜望航速。所谓潜望航速是指潜望镜伸出水面观察海面情况时的最大航行速度。潜望镜是通过镜筒伸出海面的，镜筒为圆柱体。20世纪20年代，有一个法国海军工程师告诉冯·卡门，当某一潜艇在潜航速度超过7节（1节=1海里/时），潜望镜忽然完全失去作用。这正是潜望航速的由来。冯·卡门给出了解释：这是因为镜筒发放周期性的涡旋，在一定航速下，涡旋发放的频率和镜筒的自然振动频率发生了共振，使镜筒产生强烈震动而无法使用。

（宋俊峰）

20 妙法消除高烟囱风振

　　高耸的圆柱形钢制塔器与烟囱都是化工与石油化工生产中的重要设备，一般约占工厂设备投资总额的 10%~25%。随着大型化工企业的兴起与发展，高度与直径比大的塔器数量逐渐增多，塔振动的事故便频繁发生。1994 年 6 月下旬，天津十四万吨乙烯工程中的高 75 米、重 115 吨的乙烯精馏塔，每逢刮四级风时，在与风垂直的方向上，便剧烈地摇晃起来，塔顶振幅为半米多，并伴随着很大的响声。据不完全调查，近十年来，我国吉林、山东、盘锦、兰州等地的化工厂中都曾发生大型精馏塔振动的事故，塔顶振幅最大的一次竟达 1.4 米！国外也曾多次报道钢烟囱被振坏的事例，有的烟囱上出现的裂纹长达半个圆周。由于各个塔的固有频率不同，振动时的风力，有的高达八级，有的仅三四级。持续的剧烈振动不仅无法维持生产的正常运行，还将使塔体应力过大，形成疲劳裂纹，甚至导致设备破坏、人员伤亡、生产停顿。如果遇到更大的风力，发生高振型的振动，危害性就更大了。从 20 世纪 50 年代至今，美、英、日、德、加、荷、捷等国都曾相继发生高耸的圆柱形设备，如塔设备、烟囱、电视塔、灯柱等剧烈振动甚至破坏的事例。

图20-1　高烟囱

　　当风以一定的速度绕流圆柱形的塔、烟囱等设备时，将在两个方向上产生振动。一种是顺风向的振动，振动的风向与风的流向一致；另一种是横风向的振动，振动的方向与风的方向垂直，也称风的诱发振动。在一定速度范围内，风在圆柱形的塔设备背后的两侧周期性交替地形成旋涡并以相当确定的频率从柱体表面上脱落，在尾流中有规律地交错排列成两行，这就是通常所说的卡门涡街（见图20-2）。当旋涡的频率等于或接近塔设备固有频率，便会产生共振，这便是风诱发的振动。

图20-2　卡门涡街

　　安装在室外的圆柱形设备一般同时存在顺风向和横风向振动，而横风向风振往往诱发共振，是流动激振的主因。比如：1972年上海一座高烟囱在台风中实测横风向位移比顺风向大得多。而在大海中，障碍物在共振时受到的侧向力比空气中的要大得多。正因如此，位于美国新泽西州的一座近海石油钻井平台，因圆柱形支撑柱在海流卡门涡街作用下发生振动，最终整个钻井平台葬入大海。

　　消除烟囱、高塔振动问题的关键是避免共振，如果仅依靠增大烟囱的横截面尺寸，增加其抗弯强度，是无济于事的。实用办法很多，其中最巧妙的莫过于安装扰流器的办法。在塔、烟囱的上部1/3高度的范围内安装轴向翅片或螺旋形翅片的扰流器，如图20-3所示，可干扰卡门涡街的形成，以减缓或防

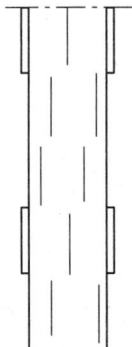

(a) 轴向翅片

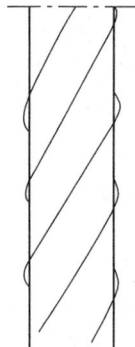

(b) 螺旋形翅片

图20-3　扰流器示意图

止共振。也可在烟囱的顶部与地面之间设置缆绳，缆绳上装两个大弹簧以吸收振动时的能量；或者改变烟囱的固有频率。这些方法都能有效地防止烟囱的破坏。

　　在进行工程结构设计时，结合风洞试验，事先估计到卡门涡街诱发振动的可能性，或采取预装扰流器等措施，将有助于我们避免恶性事故的发生。

　　在高高矗立达 100 多米的烟囱表面上，装上一些简单的翅片，就能防止烟囱的振动，投资省，加工方便，效果显著，这便是科学的巧妙之处。从这一简单的事例上，让我们进一步理解了懂科学、用科学的深层含义，这便是不仅要学好知识，还要学好运用知识解决问题的方法。

（竺铭楷）

二
生
产
篇

21 水电站的进水口高与低影响发电量吗

　　水往低处流，这是大家所熟知的自然现象。山谷里的瀑布，从悬崖顶冲下来，把崖脚的坚硬岩石冲成深潭，这说明水从高处流向低处，就会产生一股力量。高低落差越大，水的冲力也越大。把高处的水集中起来，用以推动装在低处的水轮机转轮，并带动发电机转动而发出电来，再经过变压器和输电线把电输送出去，就是"水力发电"。

　　水力发电站的形式有多种。一种叫引水式发电站，利用河道的天然坡降，在上游筑堰挡水，然后沿河岸开挖一条比原河道平缓得多的渠道，将水引到下游的压力前池，形成水电站的水头，再用压力水管把水引到布置在河边的厂房去。发电后的水，排入灌溉渠道或原河道。一种叫坝式水电站，在河溪上选择地形"口窄、肚大"，地质较好的地方，筑一道坝，挡住河水，使坝的上游成为水库，形成坝的上下游显著的落差。厂房设在坝的下游坝后或下游河岸上。在坡度平缓的河流上采用这种方式。还有一种叫河床式水电站，如图 21-1 所示，在集雨面积较大的平原河道中，利用一段坡度较陡的河段，筑坝抬高水位，水电站建在河床上与堰（坝）一同起挡水作用。

　　坝式或河床式水电站都是利用坝来造成水头的，水经过进水口、钢筋混凝土压力涵管或隧洞，引到厂房中去，发电后的水排入灌溉渠道或原河道，如图 21-2 所示。那

图21-1　水电站

么如图 21-2(a)、(b) 所示水电站的进水口高与低影响发电量吗?

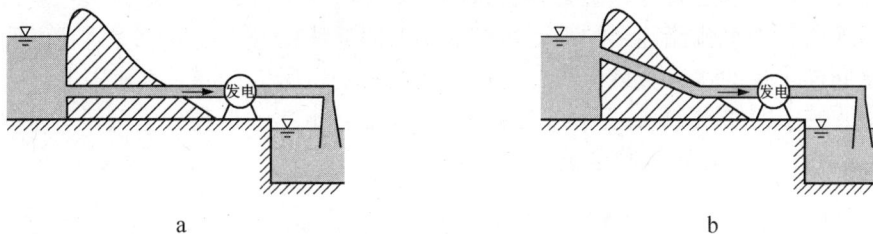

图21-2　水电站的进水口

　　在潜意识里，我们都会认为进水口越高，发电的能力也就越大。因为一个物体相对势能零点的位置越高，其具有的势能值越大。比如相对于海平面高度来说，同一杯水在海拔 100 米处当然比在海拔 10 米处具有更多的势能，将其转化为电能当然也更大。

　　以上解释无疑是正确的，但在潜意识中的认识是错误的。因为这里所解释的是将一杯水整体提升情况，而前面所述的是指水库水面高度不变时，在库水的不同深度取水发电的情况，两者有根本的区别。这需要通过分析同一水体中的能量分布规律再做出判别。根据静止水体的力学知识，我们知道位能与压能之和是静止流体所具有的总机械能。在同一静止的水体中，高处的水，位能大但压能小，而深处的水，位能小但压能大，并且单位重流体位能与单位重流体压能之和处处相等。

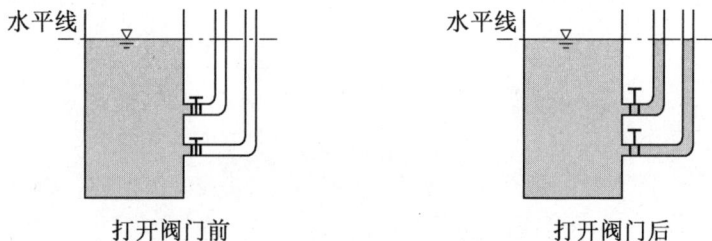

图21-3　静水力学原理实验

让我们用一个非常简单的实验验证这一静水力学原理。如图 21-3 所示，在一盛水水箱的不同高度连接两根连通管，连接处装有阀门。实验打开阀门时，水流自水箱流入管中，结果可见，各连通管中水流能达到的高度均在水箱液面连线的同一高度上。这就说明同一水库中任何深度同样重量的水体所具有的总能量都是相等的，所以自同一水库中的任何高度引水发电都是等效的。即如图 21-2 所示，图 a 进水口低，图 b 进水口高，但只要下游尾水位和供水流量对应相等，就不影响其发电量。

这就告诉我们思考问题不能想当然，既要大胆猜想，又需小心求证，才可以得到正确的结论。

（赵国梁、陈烨）

22　虹吸管中的水为什么能流向管道的高处

　　水往低处流，人往高处走，这是亘古不变的真理，但是为什么虹吸管的水能向高处流呢？虹吸管的水流原理又能给我们带来怎样的科技创新成果呢？

　　高处的水经上拱管道自流引向低处，这种引水管道就称为虹吸管，如图22-1所示。

　　我国古代就制造应用了虹吸管，古称为"注子"、"偏提"、"渴乌"或"过山龙"等。如东汉末年出现了灌溉用的渴乌，将小山丘阻隔的水引下山来。在作者童年时期，也经常取南瓜叶的空心柄做玩水游戏，将盆中的水抽到盆外，觉得很新奇。其实，这个游戏正是一个小小的虹吸管实验。虹吸管中的水流之所以能流向管道的高处，这是因为管中水流的能量在转换。

　　对于流动的水体，它所具有的总机械能应该包括位能、压能和动能，在流动过程中这三种能量是可以互相转换的。根据能量守恒原理，在流动过程中，单位重水体所具有的总机械能加上流动损失的能量应该保持不变。如图22-1所示，管中 A-A 断面的流体，流到 C-C 断面时，因管径不变，流速不变，动能相等。而 C-C 断面的位能比 A-A 断面的高，由能量守恒原理知，C-C 断面的压能一定比 A-A 断面低。由于 A-A 断面是大气压，所以 C-C 断面就会出现真空。若在水面以上虹吸管的任何位置开一小孔，就可发现不是水往外流，而是空气被吸入管中。

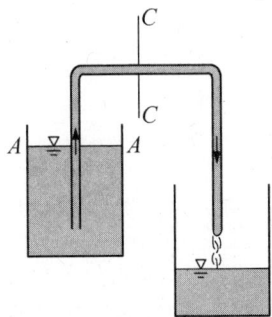

图22-1　虹吸管

图 22-2 为虹吸管实验照片，管顶处开有一小孔，实验发现，虹吸管小孔处有空气吸入（如图所示），表明管内存在负压，在外界大气压作用下空气便流入了虹吸管中。因此，虹吸管中的水流之所以能向高处流动，正是由于能量转换的作用，使水体的压能转换成了位能。

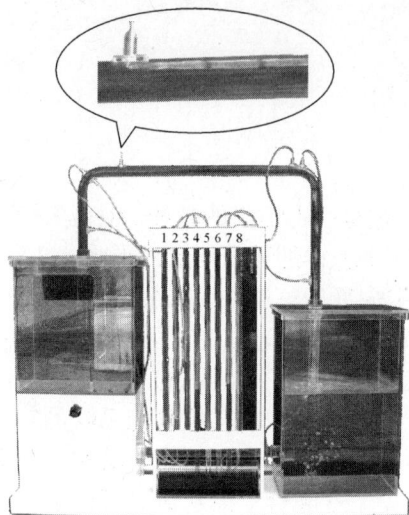

图22-2　虹吸管实验照片

那么水流能向上流多高呢？也就是说，虹吸管最高处离上游水面最多能高出多少呢？显然，极端情况下，管顶只能达到绝对真空的负压值，也就是负一个大气压的水柱高度，即最多能高出水面约 10 米。但实际上它要比这个高度低得多，因为真空度过大，水可能会在常温下沸腾造成空化，使虹吸管中产生大量气体而断流。通常，虹吸管的允许真空度为 6~7 米水柱。考虑流动中还有能量损失和流速动能的影响，一般虹吸管最多能高出水面 5~6 米，低速下最多也只能达到 6~7 米。

经过以上分析，您是否能用虹吸原理来解释间歇性涌泉的生成原因呢？（答案在书中找）

虹吸管能让水流翻山越岭，这是虹吸管原理最直接的应用。然而，聪明的人们并没有将虹吸原理停留在这简单的应用上，而是在各个科技领域内将其功效发挥得淋漓尽致。利用虹吸原理制作真空泵、虹吸阀门、间歇性涌泉和抽水马桶等。其中虹吸阀门最具创造性。虹吸阀门是由虹吸管、真空破坏阀和抽气真空泵三部分组成。真空破坏阀安装在虹吸管的顶部，打开真空破坏阀能使虹吸管流进气体。虹吸阀门直接利用虹吸管的原理工作，当虹吸管中气体被抽除后，虹吸管流启动，表示虹吸阀全开；当虹吸管上的真空破坏阀打开时，虹吸管真空被破坏，便瞬即充气而断流，表示虹吸阀全关。虹吸阀门原理清晰，结构简单，操作方便，成本低廉。实际工程中，在江苏扬州江都抽水泵站就利用了此类虹吸阀门。

　　　　任何一种现象都有它可利用的价值，关键是要理解其中的原理和机理。

（韩　冬）

二
生
产
篇

23 射流采矿原理

　　水是如此温柔，正如孔子所说水性"柔弱活灵"，"随物赋形"，"无微不至"；水又如此的刚硬，以至于滴水穿石，水射刃物。下面就让我们看看水射流是如何"刃物"的。

　　所谓射流是在压力作用下从喷嘴喷射出来的气流或液流。水射流对物体的作用机理有水射流的冲击作用、气蚀、磨削和缝隙水压的楔劈作用。高压水射流表面上虽为圆柱形，而内部实际上存在刚性高的核心部分和刚性低的边界部分。如图23-1所示，刚性高的核心部分在

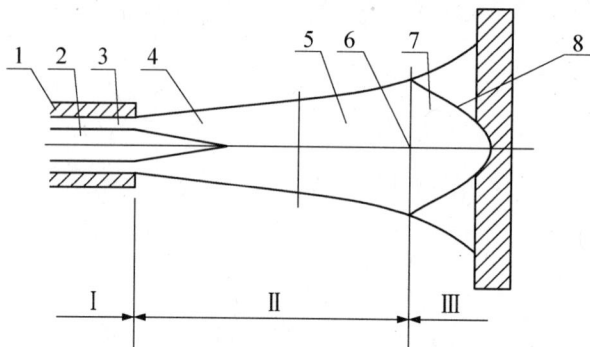

图23-1　射流在物体表面的流动

1. 喷嘴　2. 喷嘴内流动　3. 喷嘴内边界层　4. 射流初始段
5. 射流主体段　6. 正激波阵　7. 冲击区　8. 卸载波阵

与靶物碰撞时，产生正激波，形成极高的冲击动压，例如一个由100兆帕压力容器喷射出来的水射流，其冲击动压可达到近1000个大气压。低刚度部分相对于高刚度部分形成了柔性空间，起吸屑、排屑作用。这两者的结合正好使其在切割材料时犹如一把轴向"锯刀"。同时，水射流又像一把楔子，对矿体的缝隙起到劈裂作用。因为高速的水射流能够穿入缝隙，将冲击高压传递到缝隙的细微处。并且，在冲击的过程中，缝隙中的水体还会受到水锤（参"危险的水锤——瞬变流探秘"一文）的作用，其所产生的瞬间水锤升压可达到冲击动压强的数十倍，乃至数百倍，这足以使最坚硬的岩石爆裂。就如我们在电视里看到的气功表演，表演者用手掌拍击啤酒瓶瓶口，可一掌拍碎啤酒瓶，令瓶底脱落，这正是水锤的作用。

19世纪中叶，在北美洲，人类第一次使用水射流开采非固结矿床。20世纪50年代初，前苏联和中国利用水射流进行采煤（即水力采煤）。

随着水力采煤技术的推广，人们认识到，提高水的压力、适当减小喷嘴直径，可以显著提高水射流的击穿效果。于是人们开始研究较高压力的压力源（高压泵和增压器）及高压脉冲射流。

20世纪60年代以前，人们主要研究低压水射流采矿，水射流技术还处于探索试验阶段；至20世纪70年代初，主要研制高压泵、增压器、高压管件，推广水射流清洗技术，处在设备研制阶段；至20世纪80年代，水射流技术的应用领域从采矿发展到其他领域，大量的水射流采煤机、切割机、清洗机相继问世，并进行了广泛的推广应用；之后，水射流进入了快速发展阶段，水射流技术研究进一步深化，磨料射流、空化射流、自激振动射流等新型射流技术发展很快。

1972年，英国流体力学研究协会(BHRA)组织了第一次国际水射流切割技术会；1981年，美国水射流技术协会成立，此次技术会议也是国际性的；1983年日本水射流协会成立。定期召开水射流技术研讨会和展览会，邀请国外水射流专家参会；1987年，国际水射流协会成立，并创建《国际水射流》杂志，多次召开环太平洋国际水射流会议，大大推动了世界各国水射流技术的发展。

我国的水射流技术研究从20世纪70年代开始，最初主要是在煤炭部门研究和应用，以后逐渐发展到石油、冶金、航空等领域。经过多年的研究实践，取得很大进展，开发出了一批新技术和新产品，有的在国际上还处于先进水平。我国从 1979 年开始，每两年召开一次全国水射流技术研讨会，并创建了《高压水射流》杂志。

中国石油大学（华东）一直走在高压水射流技术研究的前列，并成立了高压水射流研究中心。该中心目前重点面向石油工程领域，研究高压水射流切割、破碎和清洗等相关的理论问题和应用技术。

在提高射流在井底工作效率的研究方面，该中心利用淹没非自由钻井射流动力学和井底能量衰减规律，建立了优选井底水力参数的新模式和新程序，解决了喷射钻井长期未解决的一个重要理论问题。该研究达到国际先进水平，获国家科技进步二等奖。根据该理论成果研制成功的加长喷嘴牙轮钻头（第一代钻头），在全国 13 个油田推广应用 3000 多只，平均提高钻速 20%~30%，累计创经济效益 2 亿多元。该产品获美国发明专利和我国发明三等奖，被列入国家级新产品和国家"火炬计划"推广项目。

看来，对于生活中的一些奇妙现象，我们不妨多一些想象，也许就会发现意想不到的结果！我们应该关注生活现象中的奥秘，也许下一个诺贝尔奖就是你的！

（姜 颖）

24 两船并行开进的船吸现象

　　1912 年秋天，"奥林匹克"号正在大海上航行，在距离这艘当时世界上最大远洋轮约 100 米处，有一艘比它小得多的铁甲巡洋舰"豪克"号正在向前疾驶，两艘船似乎在比赛，彼此靠得较拢，平行着驶向前方。忽然，正在疾驶中的"豪克"号似乎被大船吸引似的，一点也不服从舵手的操纵，竟一头向"奥林匹克"号撞去，如图 24-1 所示。最后，"豪克"号的船头撞在"奥林匹克"号的船舷上，撞出个大洞，酿成一起重大海难事故。

图24-1　船吸现象

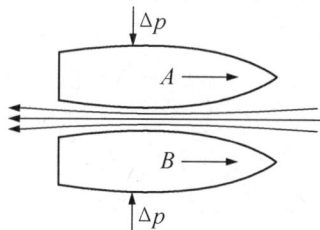

图24-2　船吸原理

　　从这个悲惨的故事里，我们看到了两船并行时的船吸现象。那么船吸的奥秘是什么呢？下面我们一起来探索一下。

　　如图 24-2 所示，当两船同向前进时，位于其间的水流速度大，根据伯努利原理，不难得出两船之间压强减少，使其水位比船的外侧降低，在船的两侧形成压强差（即水位差），使船体受到侧向压力，因而促使两船靠近。而这种靠近又促使压强差更大，使两船靠得更近，最后导致碰撞。现在航海上把这种现象称为"船吸现象"。

　　而在上述情况下，由于"豪克"号体型较小，质量较轻，运动状态更容易改变，所以它冲向了"奥林匹克"号。鉴于这类海难事故不断发生，世界海事组织对这种情况下航海规则都作了严格的规定，它们包括两船同向行驶时，彼此必须保持多大的间隔，在通过狭窄地段时，小船与大船彼此应作怎样的规避等等。同样原因，船在岸边行驶时也应保持适当距离，否则也会引起船吸而触岸。

　　根据同样的原理，船在浅海快速航行时，船的吃水深度会更大。如图 24-3 所示，由于船底和海底之间通道相对狭窄，形成水流加速区，压强降低，作用在船体底部的浮托力减小，于是船体下沉更深，这种现象被称为"船坐现象"。例如，一艘 4600 吨的船以 18.5 千米 / 小时速度航行时，船底下坐可达 0.4 米。如果船舶在浅滩行驶，快速的船只可能因船吸而触礁。所以在浅水水域航行时，须对船舶的航行速度进行限制。

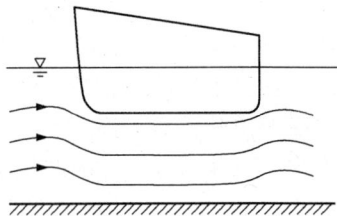

图24-3　船坐现象

　　从上述船吸、船坐现象的机理分析可知，船舶在水中航行时，可引起船舶周围的水体的流速与压强的变化。关于水体相对船舶的流速变化，人们早已熟知并有深入研究。例如，1732 年，亨利·毕托为了测量船行速度，发明了测流速的毕托管，详见"台风作用下房子的窗户为什么成片向室外倒塌"一文。而关于船舶周围的水体因航速较快引起的压强变化，人们对它的认识和研究要相对晚得多。20 世纪 30 年代，人们才开始注意到船舶经过时对周围水域和水底的水压变化，并因此发明了水压水雷。

（陈　烨）

25　危险的水锤——瞬变流探秘

　　这是发生在 20 世纪 50 年代初的一次水电站引水钢管爆管事故。在浙江省金华市美丽的双龙风景名胜地附近，有一个引水式水电站叫双龙水电站，它是通过压力钢管将高处水源的水引到低处发电，其高度差达到 198 米。它的水轮机是冲击式的，如图 25-1 所示，在钢管的末端接有一个喷嘴，喷嘴通过针阀调节流量与启闭。一天，因断电而引起水轮机甩负荷事故，在紧急情况之下，电站值班员在不到 2 秒钟时间内迅速将全开的喷嘴关闭。这时，只听得一声巨大的爆响，压力水管末端爆裂了，一股高速水流直喷而出，瞬间就将半个厂房屋顶冲毁，造成了电站的巨大损失。事后查明，这次事故是由电站工作人员违规操作造成的，按照规定喷嘴的针阀从全开到全关过程不得少于 6 秒。

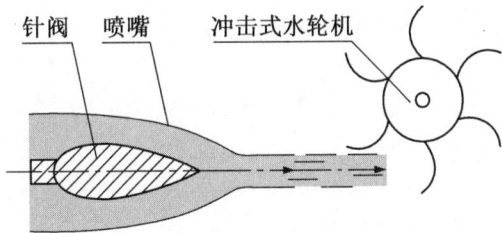

图25-1　冲击式水轮机

　　那么，阀门快速关闭为什么压力管道就会出现爆管事故？平常温柔的水此刻怎么会变得如此强悍？原来这是由"水锤效应"引起的。

　　水锤也叫水击，它是有压管流被突然关闭时产生的一种管内水压骤增或骤减的水力现象。平常情况下，水被认为是不可压缩流体，但实际上在高压作用下仍然有一定的压缩性。例如每增加一个大气压，水的体积可以被压缩二万分之一。另外，运动流体具有一定的惯性，要

二
生
产
篇

71

改变它的运动状态就会受到一个反作用力——惯性力。管中流体流动速度越大，关闭的时间越短，所受到的惯性力也就越大。当阀门突然关闭时，阀前水体骤然停止，而后面的水体在可压缩性、惯性与管道的胀扩性共同作用下继续向前运动，致使阀前水体受到严重挤压，密度增大，水压瞬间升高。由于水击引起升压过程很短，压力很大，犹如重锤撞击阀门一般，并发出巨大的撞击声。例如压力钢管长 2000 米，直径 2.5 米，壁厚 2.5 厘米，管中流速每秒4 米，阀门全关闭时间为 3 秒的情况下阀门处最大水击增压可达 42 个大气压（相当于增加了420 米作用水头）。可见水锤有巨大的破坏力。

水锤能使水压骤升，也能使水压骤减。因为被水击升压而压缩在有压管道中的水体，就像弹簧被压缩后出现反弹那样，也会产生反弹而逆向流动。这时，阀前的水体在反方向流动引起的抽吸作用下密度减低，压强减小，严重情况下出现真空，甚至将压力钢管吸扁。所以水锤正是压力钢管爆管或被吸扁的原因所在。

为了消除水锤的危害，在设计长输水压力管道时，常在阀门附近设置调压阀、调压室、调压井或安全阀等设施，以吸收水击波，将水击升压值限制在正常工作水头的 30% 左右范围内。

在日常生活中我们都遇到过类似的水锤现象，例如自来水龙头有时会出现时关、时开并发出"哒、哒、哒……"声音的自激振荡现象，这便是水锤。

身边的科学真是无处不在，只要我们仔细观察，便能从中领悟到许多道理。

（史　斌）

26 喷射船工作原理

　　靠向后喷水获得前进动力的船称之为喷射船，如图 26-1 所示。它的前进动力类似于乌贼的喷水，乌贼的体型虽然和鱼不太相同，但运动器官十分完善，它靠收缩腹肌把外套膜中的水从喷嘴迅速射出，借此推动身体前进。人类运用仿生学原理设计出了喷射船。

图26-1　喷射船

　　喷射船的工作原理是什么呢？其实它与鞭炮上天、火箭升空的原理相同，都是运用了动量原理。

小贴士

　　恒定不可压缩流体总流的动量原理，也就是自然界的动量守恒原理。动量是指流体的质量和它的速度的乘积。动量和速度都是矢量，也就是说，都有方向性。流体运动的动量原理表明，单位时间内总流在某一流段上的动量变化，等于作用在该流段上的外力总和；系统在内力作用下，当一部分向某一方向的动量发生变化时，剩余部分沿相反方向的动量发生同样大小变化。例如，流经弯管段的水流，因为其动量发生了变化（方向发生了变化），因此弯管会受到流体的动量力。同样，射流喷在平板上，平板也会受到一个冲击力。而对于鞭炮燃放而言，鞭炮与鞭炮内的火药可认为是一个系统，火药燃烧后向下运动，那么根据动量原理，鞭炮就会向上运动，即产生所谓的反冲运动。

　　如图 26-2 所示，水体从船首以低速 v_1 吸入到喷射推进器，然后以高速 v_2 从船尾喷射出船体，这时水体就有一个动量力作用在船体上，使船体受到与流体运动方向相反的推力 F 而向前运动。

　　图 26-3 是大学三年级同学在流体力学自主创新实验课完成的喷射船自制模型，用于研究取水口方向对航速的影响。

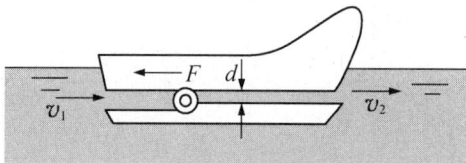

图26-2　喷射船

图26-3　喷射船自制模型

其实这种动量力对我们来说并不陌生。众所周知，子弹从枪管射出时，枪会受到一个后坐力，这个力就是动量力。

喷射船是由新西兰农场主威廉·比尔·汉密尔顿于 20 世纪 60 年代开发出来，以航行于水浅的坎特伯雷河。驾驶喷射船适合于所有年龄段的健康人。现代喷射船与航空技术相结合，建造了喷射飞航的水翼船，船长可达 40 多米，分别安装有飞航前引擎和飞航时引擎，用喷水器推进，航速超过 80 千米 / 小时。

其实，流体的动量原理和伯努利原理一样，表现十分广泛，它就在我们的身边，细心的读者您能举出更多的例子吗？

（朱　靖）

"巧妙的超速潜体'妙'在何处"
——文的问题解答

细心的观众也许在观看游泳比赛的电视节目时，会发现鲨鱼皮泳衣能吸附渗入水中的微气泡或从运动员鼻腔吐出的空气泡。被吸附的空气在泳衣上形成一层闪闪发亮的微气泡膜。由于物体在水中潜行的阻力大约是在空气中的 1000 倍，因此能吸附空气泡的鲨鱼皮泳衣比普通泳衣具有非常明显的减阻特性。所以身着鲨鱼皮泳衣的运动员能取得更好的游泳成绩。

27 铅鱼不是炸弹，用在哪里

很多人第一次听说铅鱼时肯定会觉得不知所云，能联想到的恐怕就是铅做的鱼或者和钓鱼有关的什么玩意儿，但若真让你见到铅鱼时，肯定会吓你一跳，这不会是战时遗留的未爆炸弹吧？

类似误将铅鱼当炸弹而报警的事曾发生过，它长得的确太像炸弹。炸弹是用来破坏的，而铅鱼却是用来水文测量造福人类的。图27-1所示即为铅鱼照片。

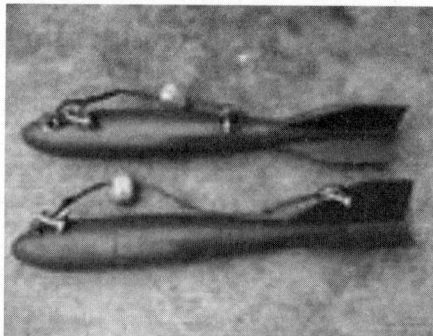

图27-1　铅鱼照片

铅鱼是一种由铅或铅铁混合物铸成的具有一定质量和细长比，外形呈流线型的水文测量工具。

　　铅鱼在水中摆动小,设计计算简单,制造方便;外形酷似炸弹,有纵尾（迎水方向的安定舵,使铅鱼始终保持迎水状态）、横尾（在水下保持前后平衡）、翼尾（产生沉压力）。这么奇怪的家伙到底是做什么用的呢?

　　（1）测流速

　　铅鱼的结构有多种,还有一些配件。例如在铅鱼肚子中嵌一个涡轮装置,随流速加大而转速加大,可转换为电信号传出,经分析可得水速。

　　（2）河底泥沙取样

　　铅鱼由于密度大,外形合理,可在激流中保持稳定,因此可依靠它带上配件进行河底的取样工作。

　　（3）测水深

　　这是一个很自然的用途。比如根据没入水中绳子的深度即可测定水深。

　　铅鱼和炸弹的设计都力求阻力小,所以他们的外形均为流线型。流线型体在运动中尾部不会生成旋涡,比其他绕流体所受到的流动阻力都小。炸弹和铅鱼虽有相似的外形,但也有一些区别。空投的炸弹尾翼带有点螺旋,被投放后在空气阻力作用下绕自身轴线旋转,减少空气阻力,与不转动相比能大幅提高投弹精度。而铅鱼设计是为了能用绳索悬挂在流水中,并保持稳定,不可能旋转,所以尾翼顺直。

　　　　由此可见,相同的原理,不同的结构决定不同的功能,可以分别用在不同的领域:战争或者和平。

　　大家在日常生活中,常保持好奇之心,然后运用联想比较的思维方法,就会发现许多有意思的东西。进而,用同样的原理,我们也可设计出新的结构,取得创新发明。

（史　斌）

三、自然篇

28 "风"生"浪"的奥秘

"无边落木萧萧下，不尽长江滚滚来。""大江东去，浪淘尽，千古风流人物。"古人总是将水与浪放在一起来描写。"风平浪静、风大浪急"这句老话更明确地道出了风与浪的关系。那么，风到底是怎样在平静的海面上生成滚滚波涛的呢？又为什么在有些海区出现"无风三尺浪"的现象呢？

绝对平静的海面是没有的，假如风以一定的速度从略有波浪的海面上经过，如图28-1(a) 所示，波峰附近的气流因受波峰的挤压流道变窄，速度增大，而波谷处的气流速度减小。根据伯努利原理，波峰处的气压小而波谷处的气压大，使波峰受到上升的力，而波谷受到下压的力。这样就会使波峰更鼓而波谷更凹。如果风力足够大，就会使波峰变尖甚至失稳，如图 28-1(b) 所示。甚至产生波浪翻滚、水汽混掺的现象，如图 28-1(c) 所示。这就是海浪形成的过程。

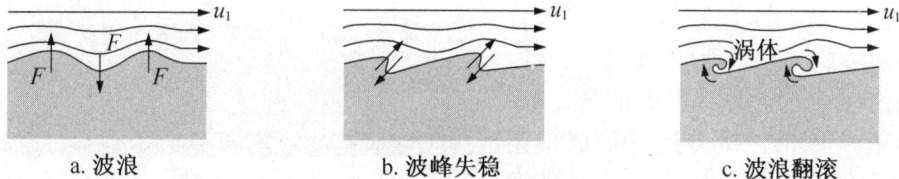

a. 波浪　　　　　　b. 波峰失稳　　　　　　c. 波浪翻滚

图28-1　波浪形成过程

自
然
篇

波浪形成后，可以沿着海面传播到很远，甚至到达无风海区，这就是人们所说的"无风三尺浪"的现象。波浪怎能传播到很远？这还要从海水是不是"随波逐流"说起。

海水不会以波浪的速度向前流动，也就是说，海水不是"随波逐流"的。因为在深海中，一般波浪的速度可以达到 10 米／秒以上。假想海水是以波浪的速度向前流动，那么它的能量损失会很大，这只能靠风能补充，而风能是远远不足的，因此波浪就不可能传播得很远。但是，这一推理结果正与事实相违。事实上，即使在无风区域,波浪还能传播得很远。由此可以确信，波浪中的水体并非随波逐流。那么波浪中的水体是怎样运动的呢？研究表明，波浪中的水质点是在就地作"随波晃荡"的椭圆运动，而且仅在海表面的水体椭圆运动的速度较快，随着水深增加，水质点运动速度显著变慢，在数十米的深海处，水质点几乎静止不动。也就是说，哪怕海面是惊涛骇浪，在深海处的水体仍然"纹丝不动"。水体的这种"随波晃荡"的运动状态相比"随波逐流"的运动状态能量损耗小得多，因此波浪能在无风区传播得很远。由此我们也可知道，漂浮在无风区浪涛上面的物体或者船只不能随波浪前进，而只能在原地上下晃荡的原因。当然，在有风区域，海水表面会产生一种"风生流"的现象，但这种海水表面水流速度相比波浪的行进速度要慢得多。

海面上的波浪通常都是因风而起的，但是地震、火山爆发、行船、潮水等原因也会诱发波浪，这样的波浪可以真正称为"无风三尺浪"。例如，地震引发的海啸，便会在近岸带产生排山巨浪。2004 年 12 月 26 日泰国拉克山海滩就曾发生了海啸灾难，如图 28-2 所示。当日，在拉克山海滩附近，曾有影像记录显示，最初海水有所回落，接着远处形成白色海浪，然后越来越大，逐步形成袭击海滩的第一波巨浪。

图28-2　泰国拉克山海啸情景

　　海啸是一种具有强大破坏力的海浪。当地震发生于海底，因震波的动力而引起海水剧烈的起伏，形成强大的波浪，向前推进，将沿海地带一一淹没的灾害，即为海啸。

　　海啸同风产生的浪或潮是有很大差异的。微风吹过海洋，泛起相对较短的波浪。相应产生的水流仅限于浅层水体。猛烈的大风能够使辽阔的海洋卷起高度30米以上的海浪，但仍不足以撼动深处的水。海啸通常由震源在海底下50千米以内、里氏地震规模6.5级以上的海底地震引起。海啸波长比海洋的最大深度还要大，在海底附近传播也没受多大阻滞。不管海洋深度如何，波都可以传播过去。海啸在海洋的传播速度大约为每小时500~1000千米，而相邻两个浪头的距离也可能远达500到650千米。当海啸波进入陆棚后，由于深度变浅，波高突然增大，它的这种波浪运动所卷起的海涛，波高可达数十米，并形成"水墙"。所以海啸是静悄悄地不知不觉地通过海洋，然后出乎意料地在浅水中达到灾难性的高度。

（陈郁栋）

三　自然篇

29 台风作用下房子的窗户为什么成片向室外倒塌

1988 年因 "8·8" 台风杭 州停水停电竟达 5 天！ 1988 年 8 月，"8807" 号强台风（如图 29-1），于 8 月 7 日 15 时在浙江象山县登陆，登陆时最大风力达 35 米 / 秒。8 月 8 日，登陆后的台风袭击杭州市，使杭州市遭到新中国成立以来最严重的浩劫。"8·8" 台风过后，浙江大学邵逸夫科学馆房子四周的大面积玻璃窗连窗框成片倒塌在房外，如图 29-2 所示。那么，台风作用下房子的窗户为什么成片向室外倒塌呢？

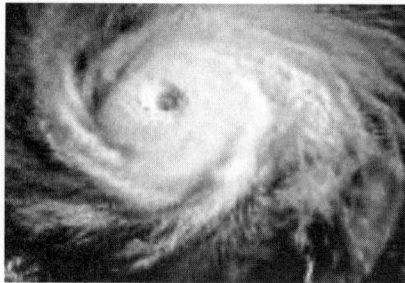

图29-1　台风

图29-2　被台风吹翻的窗户

在受台风正面袭击的迎风面上，由于风压的作用，窗户通常受到向室内的作用力，但由于窗框向室内的抗压承受力很大，窗连框的整个窗户一般不易向室内倒塌，只有窗玻璃破损被吹入室内的情况可能发生。事实上，向室外倒塌的窗户都发生在顺风的两侧和背风一侧的墙面上。这是由于台风刮过房子时，房子内外的气压变化造成的。在狂风袭击下，从空中俯视房子周围的气流状态如图 29-3 所示。由于气流受房子阻碍，会绕房顶及左右两侧（B、C侧）流过，且流速加快，根据伯努利原理，流速快压强低，因此在房顶及 B、C 侧的气压较低。在房屋的背风侧（D 侧）又会形成低压旋涡区。这样在房子的周围，除了迎风面外，其他各侧几乎都受到了室外的低气压作用，使窗玻璃承受向外的压差力。因为窗户一般安装在窗口靠外沿的墙上，所以窗框向室外的抗压承受力很弱，当风力足够强劲时，窗框承受不了这个压差力的作用，于是造成整个窗户成片向室外倒塌。屋顶的瓦片也常被大风掀起，原因也出于此。

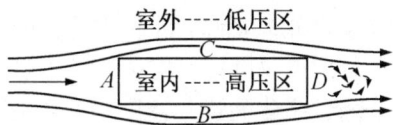

图29-3　房子周围的气流、气压状态

这还仅仅是其中的一个倒塌原因。由于迎风面（A 侧）气流受阻，局部点出现气流滞止，流速减慢，滞止点上流速为零。所以这一侧的室外气压高于室内气压。如若迎风侧窗玻璃有破损或门窗没有关闭，室内就会有气流吹入，这就使室内的气压也像迎风面外侧（A 侧）那样升高。这种现象可以用如图 29-4 所示的小实验加以说明。用电吹风对准图 29-4 中气囊前端的小口吹风，原来瘪塌的气囊在气流作用下迅速鼓起，囊内的气压显著提高，而且其最终气压升高的程度仅与气流的速度有关，与进气口的大小无关。哪怕是一个针眼那么大的进气口也可以像大进气口那样让整个气囊紧紧地鼓起，只是过程要长一些。这表明在房子迎风面上只要有一个小的通气口，在台风持续吹袭下，室内气压也会持续升高，并最终达到图 29-3 中 A 处的高气压。而室内气压的升高又增加了上述的室内外压强差，使窗户向外倒塌的作用力更大。例如，

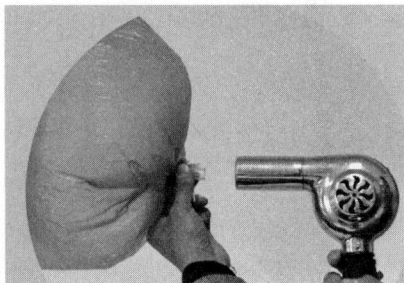

图29-4　风吹气囊

11级台风，风速约为31米／秒时，在以上两种作用力共同作用下，一个2米高、4米宽的窗户，可能承受到的压差力可达1吨，这可能超过窗户的承受能力。然而，台风过后，为什么原先迎风面上的窗户也会向外翻倒呢？其实这是台风中心过境时风向改变造成的。原先迎风面的一侧墙上，随着台风的风向改变，便变成了顺风的侧面或背风面了，使之受到了向外的作用力。

那么，我们应该怎样防范台风的破坏呢？显然，迎风面的门窗是不能打开的，哪怕是小的通气孔也应堵上，而在顺风和背风面，可以适当打开一些通气口，以尽量使室内外气压平衡。但必须注意台风的风向是要改变的，所以以上的措施也必须随风向而变。

在迎风面A侧的滞止点上，根据伯努利原理可知，气流的流速动能都转换为压强势能了，且压强大小与风速直接相关。于是，目光锐利、思维敏捷的科学家又想到了，能否用这个原理来测量流体的运动速度呢？由此便引出了一项伟大发明，这里顺便介绍这个有趣的故事。有一位叫毕托的法国科学家，他从类似图29-4的现象中得到启发，1732年发明了测量水流速度的装置，后人称作毕托管。如图29-5所示，图中带90度弯头的直通管即为毕托管。当水流流经管口A点时，受到管口的阻滞，流速减小为0，根据伯努利原理，A点压强增大并使毕托管中的水柱超出液面高度为h。高度h与A点的流速成比例，当流速为零时，h也为零，流速越大，h也就越大。因此，只要测量出h值，就可得出毕托管管口A点的流速。这种简易的毕托管可以用医用注射针管弯制而成，其直管段采用透明的有机玻璃管或玻璃管，弯管与直管段管径粗细均与测量结果无关。毕托管最早应用于测量船的航行速度。

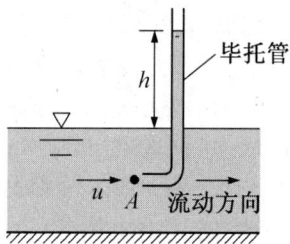

图29-5　毕托管测量明渠流点流速

　　　　毕托管结构简单，原理清晰，使用方便，沿用至今，是一项伟大的发明。从毕托管的发明我们再一次领悟到，看似风马牛不相及的两码事，但也许有某种共同因素相关联，这种因素一旦被揭示，往往能成就新的发明或发现——一种发明创造的技法。

（竺铭楷）

30 乌鲁木齐开往阿克苏的5807次旅客列车被风吹翻的原因何在

列车被风吹翻?!看似是个笑话,但却实实在在的发生了。2007 年 2 月 28 日凌晨 2 时 05 分,乌鲁木齐开往阿克苏的 5807 次旅客列车在行至南疆线珍珠泉至红山渠间 42 千米 +300 米处时,遭遇 13 级飓风,风速达到 51~56 米 / 秒,造成机车后 9 至 19 位的后部车厢全部脱轨,导致南疆线被迫中断行车,如图 30-1。那么其原因该作何科学解释呢?

图30-1　5807次列车被风吹翻

先让我们看看飓风是怎样形成的。如图 30-2,当时列车恰好经过一个山口,山口另一侧的地形较平坦、宽敞。事故发生的这天，当地正好起大风，但宽敞地带的风力并未达到 10 级以上风速。不过风从较宽敞的地方进入山口以后，由于过流通道减小，风速加大，便形成了 13 级飓风。这一现象就像我们在生活中遇到的"弄堂风"一样，在进出口两边较宽敞的弄堂内，会形成比宽敞地方强数倍的"弄堂风"。在工程上，这叫做"建筑风"。说起建筑风，在 20 世纪的一个英国小镇上曾发生过一则惊险的故事。小镇的广场一侧新建了一些高楼大厦。一旦有从广场方向吹过来的大风，受大厦阻碍，便汇聚到大厦之间的唯一通道上吹过，在通道上形成强烈的建筑风。有一天，一位叫琼斯太太的妇人刚走出广场，进入大厦之间的路口时，一阵飓风突然而至，将琼斯太太整个人吹到前面的平房顶上，险些丧命。因此琼斯太太状告了建筑师，并得到了巨额赔偿。这个故事告诉我们，"弄堂风"是一个普遍的自然现象，哪怕城市建筑也会产生灾害性的"弄堂风"。可以说，5807 次旅客列车正好遇到了起大风的时候，又处在了因自然条件而生的灾难性"弄堂风"位置上。

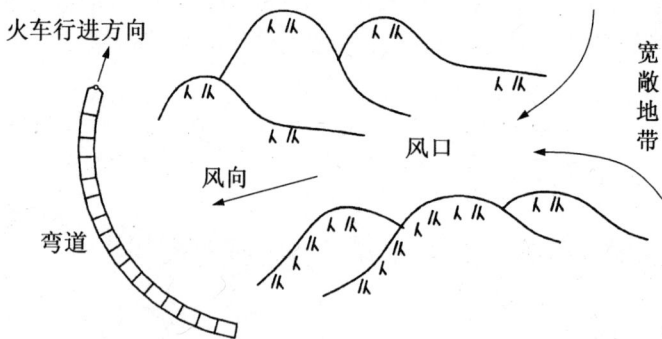

图30-2　地形与风向

那么列车在飓风袭击下是怎样失稳倒翻的呢？这有以下三个科学原因。

首先，从图 30-2 可知，大风的方向正好与列车的行进方向相垂直，众人皆知，列车在横风作用下受到一个沿风向的倾覆力。并且列车迎风面许多窗玻璃已被大风吹起的砂石砸破，狂风直入车内，造成车厢内与车厢背风侧外面的压差增大，因此飓风对火车的侧翻力更大（参见"台风作用下房子的窗户为什么成片向室外倒塌"一文）。

其二，风绕车厢厢顶吹过时流速明显增大，根据伯努利原理，车厢顶部气压相应减小，就像飞机机翼产生升力那样（参见"飞机被'托'着飞还是被'吸'着飞"一文），使列车产生浮托力，减轻了列车对轨道的附着力。

其三，列车经过弯道时受到一个惯性力——离心力的作用，方向与风力一致，有向外运动的趋势。尤其是中后部的车厢，受到离心力作用下的"甩尾"作用较大，所以后面的车厢更易出轨。

另外，列车后部车厢为卧铺车，载重较轻。正是受到这些因素的综合影响，造成了火车后部十余节车厢侧翻出轨。

那么，怎样才能尽可能避免此类事故的发生呢？从物理学角度分析，大致有两种方案：

① 减速。这是最直接的方案，但在当时可实施性不强；

② 迎风面车窗被刮破后，迅速打开背风面车窗。这样可以减少飓风对列车的侧翻力，虽然乘客可能遭受风吹的痛苦，但至少可以在一定程度上避免列车脱轨的惨剧发生。

从长远的角度看，要避免此类事故的发生，可采取的措施有：

① 在进出山口建造防风林带。出事山口由如图 30-2 的地形图可知，由于风口前地形较宽敞，而在风口附近，风道收窄，根据流体的运动原理，风口外的 9~10 级大风，进入风口后可加速到 12 级以上。所以当地人都知道，14~15 米 / 秒的大风对当地来说算是微风了。因此这是一个常年吹刮大风或狂风的多风带；要改变风情，地形是难以改变的，那只能改变植被以防风，否则类似"2.28"的 13 级飓风还会在该处不时发生。不过根据当地的沙漠性地理环境，目前要建造防风林似乎不太可能。

② 在轨道附近建防风墙。防风墙的强度必须能抵抗 13 级以上的飓风。但其高度不必高于列车顶部。如果风墙建在离轨道 2~3 米远的位置，也许挡风墙离轨道的高度 2 米左右即可。因为气流受挡风墙的阻挡后，会造成一定的绕流转向，使之不会直吹车体。但是如果当地经常有砂石飞扬，挡风墙后面易堆积砂石，影响铁路安全。所以是否能建挡风墙必须经过论证。

③ 加大轨道铁轨的内外侧高差。使火车车身向风口方向适度倾斜，以抵抗离心惯性力的作用。

最后需要说明的是，在没有任何措施之前，应及时做好大风预报，在大风的日子停止火车运行，确保乘员的安全。

身边处处有学问，看似枯燥的知识到用时真的感到很亲切，不是吗？

（宋俊峰）

31 建造在河边的房屋为什么容易倾斜

　　建造在河边的房屋为什么容易倾斜呢？这可能是地下水造成的。

　　在透水的地层里，地下水像湖泊一样也会形成一个地下水面，如果在土层中钻出几个观察井，水渗入井中，待井水面稳定后，各井的水面连线就是地下水的水面线。如果地下水是不流动的，则地下水面线是水平的；如果地下水是流动的，地下的水面线是倾斜的，如图 31–1 所示。图中，在排水廊道建造之前，原地下水面线是一条水平线，离开某一不透水层的潜水深度为 H。建造排水廊道之后，若排水廊道中的水深为 h，则在排水廊道附近的地下水水深为 z，而离开廊道距离为 L_0 的较远处，地下水深仍然接近原来的深度 H。因此地下水面线是倾斜的。

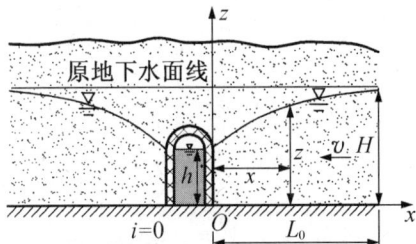

图31–1　排水廊道

　　与江河湖泊中的水体一样，凡浸入地下水体中的物体也会受到浮力。如果地下水面线是水平的，物体底部所受的浮力是均匀的；但如果地下水位是倾斜的，那么物体底部的受力是不均匀的。工程上将地下水面线不水平情况下建筑物所受的向上总水压力称为扬压力。

　　在河边的地层中，由于受河流水位高低的影响，如河水水位减低时，土层的地下水将向河道方向渗流，导致地下水面线向河道方向倾斜。如果在河边较深厚的透水软基基础上造了房子，在房子的基础沉降尚未稳定期间，如果从雨季突然转入到旱季，河水水位陡然下降，则房子基础四周的土体中，地下水就会向河道方向渗流，形成地下倾斜的水面线，如图31-2所示。图中，房屋地基所受到的扬压力 Ω 是不均匀的，箭头的长短表示扬压力的大小，使房子受到一个倾覆作用的力矩，因而房子对地基的作用力失去了原有的均衡状态。久而久之，在土体蠕变作用下，房子就易产生倾斜。

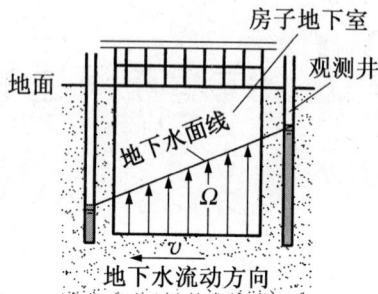

图31-2 扬压力

（韩 冬）

"水银体温计为何能保持读数"—文的问题解答

　　水和酒精对玻璃都是浸润的，如果以玻璃为温度计的材料，而结构仍然采用水银温度计的形式，那么要达到水银温度计的功能，即测量体温后温度计的读数不会变化是不可能的。现有的酒精温度计—离开口腔温度示值就会变化，因此不能用作体温计。但是，如果用其他非玻璃的透明材料，首先这种材料是无毒的，同时对水或酒精是非浸润的，那么您就能用同样的原理、同样的构造，采用这种新型材料，设计出与水银温度计功能相同的体温计了。如果能实现，就能以水或酒精取代有毒的水银，这也将是一项重大的发明。

32　生活中的科氏力

　　科氏力亦称地转偏向力，是因为地球自转而产生的以地球经纬网为参照系的力。它只在物体相对于地面有运动时才产生，只能改变（水平运动）物体运动的方向，不能改变物体运动的速率。地转偏向力可分解为水平地转偏向力和垂直地转偏向力两个分量。由于赤道上地平面绕着平行于该平面的轴旋转，空气相对于地平面作水平运动产生的地转偏向力位于与地平面垂直的平面内，故只有垂直地转偏向力，而无水平地转偏向力。由于极地地平面绕着垂直于该平面的轴旋转，空气相对于地平面作水平运动产生的地转偏向力位于与转动轴相垂直的同一水平面上，故只有水平地转偏向力，而无垂直地转偏向力。在赤道与极地之间的各纬度上，地平面绕着平行于地轴的轴旋转，轴与水平面有一定交角，既有绕平行于地平面旋转的分量，又有绕垂直于地平面旋转的分量，故既有垂直地转偏向力，也有水平地转偏向力。

小贴士

　　科里奥利（Coriolis, Gustave Gaspard de，1792-1843），法国物理学家。1835年，他着手从数学上和实验上研究自旋表面上的运动问题。地球每24小时自转一周。赤道面上的一点在此时间内必须运行25000英里，因此每小时大约向东运行1000英里。在纽约纬度地面上的一点一天只需行进19000英里，向东运行的速度仅约为每小时800英里。由赤道向北流动进入低纬度地区的空气，仍保持其赤道附近较快的自旋行进速度，因此相对于它下面自旋行进较慢的低纬度地面而言会向东行。水流的情况也是一样。因此，空气和水在背向赤道流动时好像被推向东运动，反之会向西运动，这样会形成一个圆！推动它们运动的力就称为科里奥利力，简称科氏力。这种力不是真实存在的！只是"惯性"这种性质的表现而已。正是这种"力"造成了飓风和龙卷风的旋转运动。研究大炮射击、卫星发射等技术问题时，也必须考虑到这种力。

科氏力可以使位于北半球的河流右岸易受冲刷，旋涡大多为逆时针。如图32-1（a）所示，由于地球自转的科氏力作用，对于北半球的河道来说，由北向南流动的河道，往往西岸（右岸）受冲刷，由南向北流动的河道，往往东岸（右岸）受冲刷。如图32-1（b）所示，在盛满水的圆盆底部中心开一出水圆孔，盆中的水体在出水过程中会形成旋涡，在北半球旋涡是逆时针旋转的，而在南半球旋涡则是顺时针旋转的。这一规律的条件是放水圆孔十分对称，放水时水体无外界扰动。

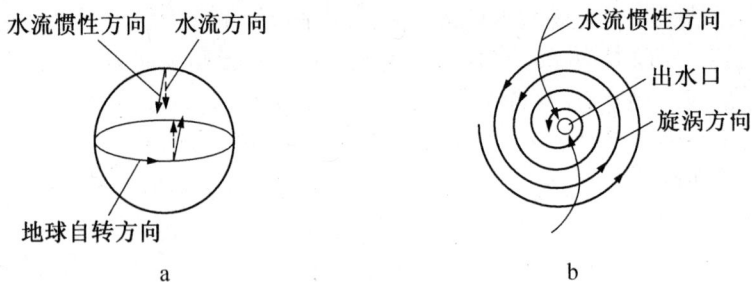

图32-1 北半球的科氏力影响

科氏力还直接影响人们的生活习惯，如车辆和行人靠右行，跑步总喜欢逆时针方向。
不是所有的国家或地区的车辆和行人都靠右行，但靠右行是最为合理的，如图32-2所示。
图32-2中A为靠左行，北半球车辆在地转偏向力的作用下右偏，都偏向道路中间，更容易与对面过来的车辆相撞，发生车祸的频率会更高。图32-2中B为靠右行，北半球车辆

在地转偏向力的作用下右偏，都偏向路边，路边是司机开车注意力的集中点，司机会不断调整方向来保证行车安全。车辆靠右行导致人也靠右行，这样更安全些。由于长期习惯，所以人们无论在哪里行走都喜欢靠右行。

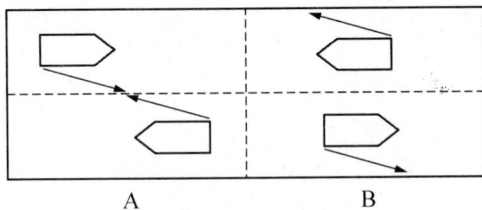

图32-2 靠右行

人类文明的发源地大多在北半球，如古巴比伦、古埃及、古中国、古印度等四大古国都是人类文明的最早诞生地。人们长期受地转偏向力的影响形成了靠右行这一习惯，所以哪怕到了南半球，人们还是习惯于这样的行为。更有意义的是，科氏力还被用于研究人类起源于北半球还是南半球的问题。科学家运用逆向追踪方法，收集分析南半球某些与科氏力相关又本该发生在北半球的现象和人类生活习惯，经研究认为人类是起源于北半球的。这真可谓是自然科学与社会科学相互融合、交叉研究的典型案例。而这种逆向追踪方法也正是科学研究中行之有效的创新方法之一。读者若对此有兴趣，可进一步深入探索，一定会有更多发现，对你的创新思维会有更大启迪。

（方　翔）

三　自然篇

33 塔科马海峡大桥垮塌之谜

　　塔科马海峡大吊桥被风吹垮发生于美国太平洋时间 1940 年 11 月 7 日上午 11 时，但幸运的是在大桥坍塌事故中没有人丧生。

　　最先的建设规划要求是将 7.6 米深的钢梁打入下方的路面使之硬化。莫伊塞夫——著名的金门大桥的受尊敬的设计师和顾问工程师，建议采用 2.4 米深的浅支持梁。他的方案使钢梁变窄，并且使大桥更优雅，更具观赏性，同时也降低了建造成本。最终莫伊塞夫的设计方案胜出。1938 年 6 月 23 日，联邦政府公共工程管理处批准了 600 多万美元的拨款用来建造塔科马海峡大桥。另外 160 万美元将通过收税筹集，最终的建造成本为 800 万美元。

图33-1　塔科马海峡大桥

图33-2　塔科马海峡大桥的坍塌

使用浅支撑梁的决定最终被证明是造成桥梁坍塌的重要原因。2.4 米的支撑梁并不足以使路基拥有足够的刚度，从而使大桥经不住风的侵袭。从一开始，大桥的振动就使之声名狼藉。轻度至中度的风就可以导致大桥来回摇摆，因此大桥被当地居民起绰号叫"舞动的格蒂"。司机在桥上行驶可以明显感觉到桥的摆动。

　　1940 年 11 月 28 日，美国海军水文办公室报告说，大桥残骸位于北纬 47° 16'，西经 122° 33'，水深 55 米处。沉没的大桥残骸编号 92001068，被登记在国家历史地点记录册中。水下的残骸现在已经作为一座人工礁石被保护起来。重建的大桥于 1950 年通车，2007 年，新的平行桥通车。

　　大桥的倒塌发生在一个此前从未见过的扭曲振动出现之后，当时的风速大约为 17.9 米/秒，相当于 8 级大风。大桥中心不动，两边因有扭矩而扭曲，并不断振动。颤振的出现使风对桥的影响越来越大，最终桥梁结构像麻花一样彻底扭曲了。在塔科马海峡大桥坍塌事件中，风能最终战胜了钢的扭曲变形，使钢梁发生断裂。拉起大桥的钢缆断裂后使桥面受到的支持力减小并加重了桥面的重量。随着越来越多的钢缆断裂，最终桥面承受不住重量而彻底倒塌了。

　　塔科马桥的主梁有着钝头的 H 型断面，和流线型的机翼不同，存在着明显的涡旋脱落现象。经事后研究表明，钝头的 H 型断面物体绕流，也会产生卡门涡街，（参见"电线风鸣的学问"一文）。卡门涡街后涡的交替发放，会在物体上产生垂直于流动方向的交变侧向力，迫使桥梁产生振动，当发放频率与桥梁结构的固有频率相耦合时，发生共振，造成破坏。因此，塔科马海峡大桥的毁坏，正是振动与卡门涡街发生共振而引起的。设计者本想建造一个造价相对低廉而实用的桥梁，故采用了平板来代替桁架作为边墙，不幸的是，这些平板引起的卡门涡街却最终毁坏了整座大桥。

　　卡门涡街不仅在圆柱后出现，也可在其他形状的物体后形成，例如在高层楼厦、电视发射塔、烟囱等建筑物后形成。这些建筑物受风作用而引起的振动，往往与卡门涡街有关。非圆柱绕流也会产生卡门涡街，例如我国自行设计与建造的南京长江大桥在桥墩的施工过程中，方形沉井曾在卡门涡街的影响下产生较大的振动，一度出现重达几千吨的沉井来回飘移摆动，粗达 40 mm 的锚索被多次绷断了多根的险情。绕流体后的卡门涡街会引起振动，绕流体振动的问题是工程上极为关心的问题。解决绕流体振动、避免共振的主要措施有：改变流速或流向，以改变卡门涡街的频率或频率特性；或者改变绕流体结构形式，以改变绕流体的自振频率，避免共振。

塔科马海峡大桥的坍塌使得空气动力学和共振实验成为了桥梁建造的必修课，而大型桥梁的设计，无论是整体还是局部，都必须通过严格的数学分析和风洞试验。

（马平悦）

四、综合篇

——主题研讨录

主题一：流体真空科学与应用

34 盖利克铜球（马德堡半球）的秘密

有句成语这样说："重如泰山，轻如鸿毛"。泰山之重是显而易见的，还有比鸿毛更轻的东西吗？有！那就是空气。空气实在太轻了，在许多场合下它的存在都被人们忽略不计了，但空气其实还是有重量的。

最早注意到空气有重量的是意大利的物理学家伽利略。他的学生托里拆利又把老师的思想推进了一大步。他认为，既然空气有重量，就会产生压力，就像水有重量会产生压力和浮力一样。那么这压力究竟有多大？这方面最为生动的例子发生在德国。1654 年的一天，德国东南部的雷根斯堡轰动了，皇帝大驾光临，百姓倾城出动，为的是观看一个名叫盖利克的人的表演。

小贴士

Gailike 盖利克 (1602—1686)，德国物理学家，生于马德堡，曾在莱比锡、亥姆什塔特、耶拿、莱顿等大学学习法律、数学、城市建筑工程等。1646 年起长期担任马德堡市市长。利用余暇从事于多方面的物理实验研究工作，其主要成果收入他的《关于虚空的新实验》(1672) 一书中。

盖利克在大学时就开始对与"真空"有关的古老争论发生兴趣，例如空间的本质是什么，天体如何通过空间相互作用等等。1646 年他知道 R. 笛卡儿关于物质与空间等价、真空不能存在的论点后，决心用实验来验证。他通过改进抽水唧筒、增加活门、改用铜球、加固密封等措施后，在 1650 年首次发明了空气泵，以后又不断改进。与此同时，他进行了一系列有关空气、真空、大气压各种性能的生动实验，如真空不能传声，放在真空中的蜡烛熄灭了，鸟和鱼都死了。其中最著名的是 1654 年的"马德堡半球实验"。这些实验在 1654、1657、1663 年分别在雷根斯堡、马德堡和柏林作过公开表演，轰动一时，实验说明了人类可以制造真空，演示了大气压的巨大机械力；吸引了社会对实验科学的广泛兴趣与支持，鼓励了 C. 惠更斯和 R. 玻意耳等科学家进行进一步研究。

广场上站立着 16 匹雄壮的骏马，分成左右两队，每队各 8 匹马。它们彼此背向排列，用铁链和绳索牵引着一个半径为 25 厘米的青铜真空球。这只球是盖利克事先在当地铁匠铺定做的，它由两个半球合拢而成，两个半球的边缘做得十分平整，因此能紧密地合在一起而不会漏气。表演一开始，盖利克先用抽气机将铜球内的空气抽光，然后他下命令给两边的马夫。只听"啪""啪"两声鞭响，左右两边的马夫拼命往前赶马，谁知这些骏马虽然使足了力气往前拉，就是拉不开那两个半球合在一起的青铜球。

皇帝和百姓们都看呆了。盖利克向大家解释说，"这里面没有什么魔力，主要是铜球表面所受到的大气压力把它们紧紧压在一起。不信的话，把空气再放回到铜球里面去，使铜球内外的气压相等，就很容易把铜球打开了。"说着，他拧开铜球上的通气阀，只听得"嘘"地一声鸣响，这是空气流入铜球的气流声。待气鸣声过后，盖利克用双手便轻易地将两个半球打开了。

这就是著名的"马德堡半球实验"。该实验以极其生动形象的演示让人们大致了解了真空和大气压。根据铜球的直径可以计算大气压直接加在两个半球接触圆面上的压力 F。如图 34–1 所示，若铜球内充满大气压，则半球截面积上的压强 p 等同大气压强 p_a，此时受力处于平衡状态，两半球无需拉力便可分开。如果铜球内为全真空，则半球截面积上的压力 p 为零，即需要拉开半球的力为半球截面积上受到的大气压强作用下的总力。大气压强的大小大约为 9.8 牛／厘米 ^{2}，计算表明该总力为 19.26 千牛。一匹马的拉力按照 1.6 千牛计算，则单边 8 匹马的拉力为 12.8 千牛，因此即使铜球内真空度仅达到 70%，两边各 8 匹马仍不能将两半铜球拉开。

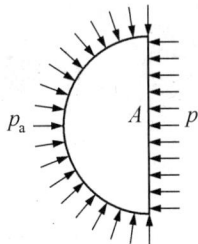

图34-1　半球的受力状况

古希腊著名学者亚里士多德有一句名言："大自然讨厌真空。"意思是在大自然中，空气无所不在，一旦真空出现，就像"水往低处流"那样，空气也涌向真空去填补。在真空和大气压不被了解的古代，人们常用这句名言来解释真空现象。今天，大气压已经成了普通的常识。我们将钢笔伸进墨水瓶里汲取墨水时，或者用麦管吸饮汽水时，都是大气压在帮我们的忙。大气压无所不在、无时不在。

"人能在水下潜多深"一文的问题解答

雷阵雨后的二三小时内，医院的高血压病人会增多，这是因为雷阵雨前后因局部气候原因常引起周围的气压降低，使高血压病人的外部压强减小而引起毛细血管充血，甚至破裂，容易发病。这与深海动物上浮到浅海区域造成生理不适甚至死亡的道理是一样的。所以高血压病人在雷阵雨后应注意休息，不可激烈运动。

四
综合篇

35 水银体温计为何能保持读数

小贴士

　　体温计应用于临床虽然只有短短半个世纪，而它的发明研制却花了近 3 个世纪的时间。体温计的研制应该从温度计的发明产生说起。1592 年，意大利著名生物学家伽利略创制成功第一支温度计，如图 35-1。那是一根有刻度的只有一端封闭的直形细长玻璃管，封闭的一端呈球形，未封闭的一端插在水里；当周围的气温发生变化时，管内水柱的高低也随之发生变化，由此测知气温的高低。但是，由于水是暴露在大气里的。水柱的升降除受气温的影响外，还受到大气压的影响，因而仅凭水柱高低测量气温的变化往往欠准确。为了解决这一问题，1654 年，伽利略的学生改用酒精代替水，制成一种两端都封闭的不受大气压影响的温度计，如图 35-2，并首次被意大利医学教授圣托里奥用于测量人的体温。大约 10 年后，意大利人阿克得米亚又用水银代替酒精制成另一种温度计，从此，这种温度计开始被广泛应用于临床诊断，但渐渐地人们又发现它有许多不方便之处。1714 年，加布里埃尔·华伦海特研制了在水的冰点和人的体温范围内设定刻度的水银体温计。一位荷兰医生用它来给发热病人量体温。但这种体温计太大，大多数医生不能便捷地使用它。1867 年，英国伦敦的一位名叫奥尔巴特的医生根据测量人的体温的特点和需要，又研制出一种专门用于测量人或动物体温的体温计，该种体温计能快速而准确测量体温，长度只有约 15 厘米，至此，体温计才正式诞生了，并一直被沿用至今。遗憾的是奥尔巴特的体温计问世太晚，未能给卡尔·文德利希提供帮助。1868 年，德国教授文德利希出版了《疾病与体温》一书，书中记载了 2.5 万例病人的体温变化，而他测量时所使用的体温计的大小是奥尔巴特体温计的两倍，每次要花 20 分钟的时间来记录体温！

读了这篇小贴士，首先，你一定会为一支简单的温度计竟历经 3 个世纪的发明研制而惊叹！然后，你一定会思考究竟是什么样的技术难题让体温计的研究进程如此漫长？为什么将体温计原理与我们的真空科学研讨主题合在一起？善于深思的读者也许会进一步思索 1654 年伽利略的学生发明的酒精体温计，它的创新点是什么？ 1867 年，奥尔巴特医生发明的水银体温计，它的创新又是什么？下面就让我们来解读体温计的科学奥妙。

如图 35-1 所示是 16 世纪水温度计。温度计的球形端经加热后倒插入水中，在冷却后水能经玻璃管倒吸上一定高度。这一高度随空气的温度高低而发生变化，由此测定空气的温度。由于管内水柱的高低还受到气压变化的影响，测量误差大，更不便于测量其他液体或人体的温度。

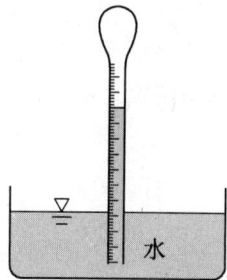

图35-1　16世纪水温度计　　　　图35-2　17世纪酒精温度计

如图 35-2 所示，这就是 16 世纪伽利略的学生发明的酒精温度计，其原理一直被沿用至今。虽然我们非常熟悉，但大家并没有注意到其中一个奥妙——创新点，这就是温度计内未充满酒精的部分是被抽成真空的！试想如果这部分不是真空的话，当酒精膨胀之后，顶部的气压会显著增大，这不但影响温度的测量精度，而且温度计容易破裂。酒精温度计的液柱高度随外界的温度高低而变，测量精确，且因两端全封闭而不受大气压的影响，缺点是测量后不能保持温度指示不变。因此把它当作体温计仍觉得不方便。

如图 35-3 所示，这就是 19 世纪奥尔巴特医生发明的水银温度计，它作为体温计沿用至今。它与图 35-2 温度计一样，上部的密闭空腔也被抽成真空。所不同的是，它在下球体的上部是通过一个非常狭窄的毛细管与上部的玻璃管相联通。

图35-3　19世纪水银温度计

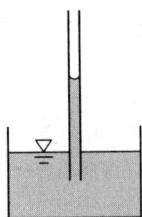

水银体温计的工作原理：当测完体温，温度计从口腔内取出后，由于空气的温度低于体温，水银冷缩，毛细管内的水银流速加大而断离。由于断离形成的空腔与上部密闭空腔同样处于完全真空状态，其内部气压为零，如图 35-3（b）所示。上面的水银之所以不能通过喉颈流下来，是因为水银体温计非常巧妙地应用了非浸润液体的毛细现象特性，这也是选择水银作为膨胀液体的科学依据。液体对固体壁面是浸润的（如水与玻璃）与非浸润的（如水银与玻璃），所产生的毛细现象是不同的，如图 35-4 所示。前者毛细现象使毛细管中液面抬高，而后者使毛细管中液面降低。水银在玻璃管中，毛细管越细，减低高度越大，如图 35-4（b）所示。毛细现象是由表面张力作用下形成的，

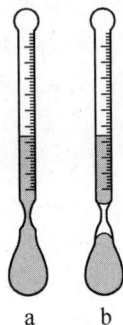

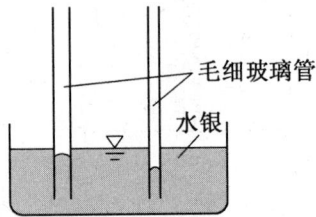

a. 水的毛细现象　　b. 水银的毛细现象

图35-4　浸润与非浸润液体的毛细现象

表明毛细管越细，促使水银柱抱团收缩的表面张力越大。所以图35-3（b）中喉颈处的水银柱断离后，喉颈处的较大表面张力能阻碍喉颈以上部分的水银柱下落，于是能将体温的测量值维持不变。

体温计使用方法：在测体温前，必须将体温计用力向下甩几下，使水银通过喉颈回到下部空腔，如说明书所述使温度视值降低到35℃以下。水银体温计的原理还告诉我们，当室外气温比体温高的时候，温度计从口腔内取出后应该立刻读数，否则它的读数还会继续升高。实际上在超过人体温的高温环境下是不适宜使用水银温度计测量体温的，这时你无法将体温计甩到人体正常体温以下。

以上分析可知，简简单单的一支温度计，它不但运用了真空、热胀冷缩和毛细原理，并且对液体的选用也有其科学的依据，这便是身边的科学奥妙。

有人想用水或酒精代替有毒的水银制作体温计，请读者想一想，这种体温计能达到水银体温计的性能吗？（答案在书中找）

"你信吗？简单的喉管竟让几代科学家成了名"一文的问题解答

在"你信吗？简单的喉管竟让几代科学家成了名"一文中列举了喉管的三大流体运动功能：流量计、超声速喷管和火箭节流阀。由原文中的图39-5照片可知，流体经过喉管时，因压力减低可以造成汽化（也称空化），据此，还被广泛用于制冷技术中。例如，氟利昂制冷机中，通过压缩机将氟利昂气体压缩成液体，并输向喉管装置。流经喉管后，使氟利昂液体减压而全部汽化，由于液体汽化过程中会吸收大量热量，于是达到制冷目的。

36 拔火罐怎样被变成了深海吸力锚

海洋蕴藏了全球超过 70% 的油气资源，因此石油资源的未来出路将会更多地依赖于海洋。此外海洋的石油资源更多的是集中在深海区域，因此海洋采油向深水域发展也是一个必然趋势，这就决定了人们必须建造海洋平台去开采丰富的深海石油资源。但固定式采油平台工作水深超过 100 米之后，造价越来越昂贵，导管架平台已经不能适应深水油田的开发。因此，发展柔性的移动式平台，特别是浮式采油平台尤其重要。然而，在许多深海海域，其海床往往是深达数十米的软土，锚固问题自然成了浮式采油平台的关键性制约技术。技术问题的存在，往往能激发人类的智慧，一项伟大的发明——深海浮式采油平台的真空吸力锚（也称吸力桩，或锚固桩）应运而生，使得近十年来浮式采油平台得到迅速发展。

吸力桩如图 36-1 所示，它的形状是上封口下开口，像个倒立的圆筒，筒顶可系结锚固拉索。在筒体上部设有向桶体外排水、排气以及向筒内灌水的动力装置。它的工作原理和过程是：先将吸力桩沉入水中，排除桩体内的气体，依靠桩身自重下沉至软土中，然后将桩体内的水体向外抽出，使桩体内形成负压，于是在桩体内负压和桩体外水压的作用下，桩体便自动深潜至软土中。以 3 米直径的吸力桩计算，在桩体内达到全真空状态下，即使不考虑桩体外水压力，其所受到潜入地基的掼入力就可达到 693 千牛（相当于 70吨力）。如若桩体在水下 1000 米深度，其所受的水压力为 7000 吨力。因此

图36-1 吸力桩

吸力桩很容易打入地基的深处。虽然，抗拉力会比以上计算的理论值小很多，这是因为抗拉力还受桩体周围土体受力特性的制约，但其抗拉能力已足以满足工程需要。因此，这种吸力桩不论在浅海还是深海，都是一种非常理想的软土海床中的锚固设施。

目前，吸力桩已经在国内外普遍得到使用。例如在墨西哥海湾已经建成的第一个永久性吸力桩锚固系统，总共使用了 12 根吸力桩，这些吸力桩安装在水深 1500 米的深海环境中，这一水深是当时吸力桩的最大工作水深。每根吸力桩直径为 6.4 米，重 220 吨，掼入地基达 30.5 米，可以承受 1500 吨的拉力荷载。由于每根吸力桩可以承受如此大的荷载，于是被单独设计成一个锚固基础。

将如此巨大的桩安装在 1500m 的深海底，并且要保证桩不偏不倚地掼入海底地基中，从而设计成锚固基础，实际工程中是怎样操作的呢？其具体步骤如图 36-2 所示。首先由水上起重机使吊挂在吸力桩上端相互对称位置的绳索下降，使吸力桩接触水底海床。其次，从吸力桩依靠自重沉陷到软基浅层中的时间开始，动力装置将吸力桩内部的水向吸力桩外部排出，从而使吸力桩的内压比外压变小，此时吸力桩的内压和外压之间的压差产生的对称的力使吸力桩体可以保持垂直打入海床。为除去在吸力桩打入过程中积累在吸力桩的内部上端的沙，反复进行下列步骤以将吸力桩打入海床深处：步骤（1），为使吸力桩的内压与外压保持相同，通过向吸力桩的内部注入与从吸力桩排出水量相对应的水，来搅乱吸力桩内部的沙并向吸力桩外部排出；步骤（2），停止向桩内注水，并使吸力桩内的水持续排出。同时处于真空状态这一部分的桩周会受到指向中心的对称力，从而保证桩体垂直地打入地基中。单纯就吸力桩的理论而言，水深不会阻碍吸力桩技术随着深海技术的发展而发展，但由于深海环境复杂等因素，目前水深仍是吸力桩产业不断发展的障碍，迄今为止安装在密西西比峡谷中的吸力桩已经突破了 2500 米这一大关。吸力桩在地基中的掼入深度取决于桩的长度和直径的比例，即所谓的高宽比，在设计时要保证掼入所需的吸力小于致使泥土破坏堵塞桩这一临界吸力值。

在深海环境中，如果使用固定式平台，需要很长的桩作基础，这显然是不经济的；使用浮式平台，这必然涉及锚固问题，在深海底部采用传统打桩的方法进行锚固又会面临两个现

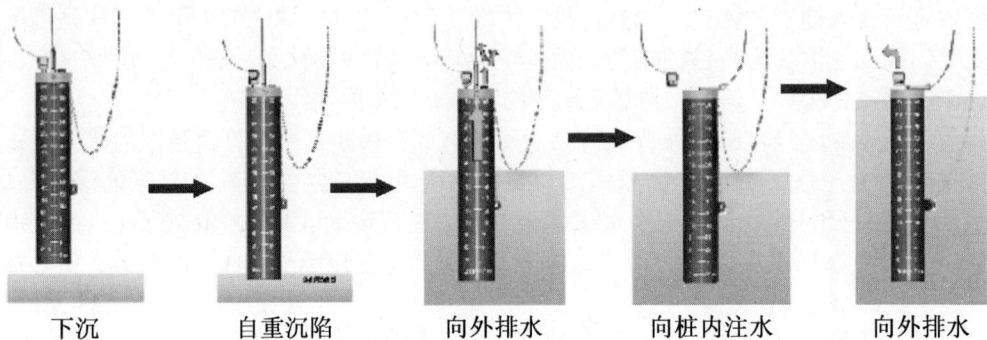

| 下沉 | 自重沉陷 | 向外排水 | 向桩内注水 | 向外排水 |

图36-2 施工过程示意图

实困难，一是无法依靠现有机械在深海底部提供足够大的打夯力，二是无法保证桩基垂直地打入地基中。吸力桩的发明一举解决了上述两大难题。

吸力桩应用了负压原理工作，负压原理在工程上还有很多应用，例如真空预压法。真空预压法是在需要加固的软基表面先铺设70毫米沙垫层，然后按一定间距（1.0~1.5米）打袋装砂井或设置塑料排水板，再将不透气的塑料薄膜铺设在砂垫层上，借助于埋设在砂垫层中的管道，通过抽真空装置将膜下土体中的空气和水抽出，使土体排水固结，增强土体的强度。

其实，一项发明主要是一个创意或是一种拓展。吸力锚这一国际上的最新发明，要说它的创新萌芽还应该属于我国的祖先。也许我们都熟知中医的拔火罐，它便是利用燃烧形成罐内的真空，使之紧紧扣吸在肌肤上，吸除体内的毒液，达到治病的目的。吸力桩这项发明不就是拔火罐原理在工程上的应用吗？简单的一个生活问题，经外延拓展，就可诞生如此有实用价值的伟大发明！所谓举一反三，便是一种发明的技法。

37 水中螺旋桨怎么会被微气泡击坏

螺旋桨是钢质的，竟然会被微气泡击坏，这不是天方夜谭吗？但事实便是如此！本文就从我们身边最熟悉的现象——"水滴石穿"的原因说起。

宋·罗大经《鹤林玉露》第十卷："乖崖援笔判云：'一日一钱，千日一千；绳锯木断，水滴石穿。'"文中"水滴石穿"的典故，被后人用来鼓励人们只要坚持不懈，细微之力也能成就伟大的事业。

的确，我们也曾亲眼见过水滴石穿的现象，水滴为什么能使石穿？一种常见的说法是，由于水滴不断冲击，每次冲击石块均产生极微小的损伤，久而久之，便发生石穿了。科学家们并没有停留在直观的认识上，而是开展了深入的研究，借助每秒钟拍摄 1500 张照片的高速摄影机，拍摄到了水滴落到石头上的全过程，解开了水滴石穿之谜。

原来，水滴落到石头上时，水滴首先被碰扁，然后向四周散落开来，就在水滴"落地"与"散开"这一瞬间，在水滴和石头间形成无数细小的气泡，这些小气泡受到随后跌落的水滴作用下，压力骤增，气泡缩小，使气泡内的空气有较大的压强。当高压微气泡在水滴的间隙时刻，或运动到低水压区间时便迅速膨胀、溃灭，溃灭时，内部的高压气体冲击石头，造成了石头的微小损伤，从而日积月累，终于"穿石"了。

科学家们进一步研究发现，这种现象更普遍地存在于高速运动的液体中，被称作"空化"与"气蚀"。当运动流体的局部区域压力因某种原因（如运动速度骤增或边界分离）而突然下降至与该区域液体温度相应的气化压强以下时，部分液体气化，溶于液体中的气体逸出，形

四

综合篇

111

成液流中的气泡(或称空泡),这一过程称为空化,如图 37-1所示。图 37-1中水流的方向向上,喉颈的上部白色的是高速水流经过喉道时产生的空化区;图 37-2中螺旋形白带是螺旋桨高速运转时,从螺旋桨背面分离出来的空化带。在形成全空腔的超空化之前,空化区是由无数小空泡组成的烟雾状区域。空泡随液流运动,当进入压力较高的区域时,原空泡周围的液体的局部区域压力骤增,空泡失去存在的条件而突然溃灭。如果固体壁面频频遭受溃灭空泡的冲击,空泡溃灭时的巨大压力便会引起材料的疲劳破损甚至表面剥蚀,这就叫空化剥蚀,简称空蚀,又称气蚀,如图 37-3。图 37-3中,在螺旋桨推进方向的迎流面上,所产生的蜂窝状坑坑洞洞,便是因气蚀造成的损伤。

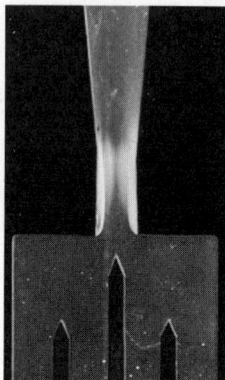

图37-1　管流中的空化现象

图37-2　螺旋桨的空化

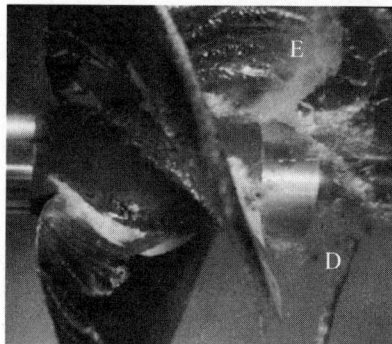

图37-3　螺旋桨的空蚀

1902 年,最先在英国驱逐舰"Cobra"号螺旋桨上发现空蚀。当20 世纪的第一批远洋巨轮下水试航时,人们发现仅仅过了 12 个小时,螺旋桨的作用就失效了,整个螺旋桨千疮百孔。工程师们仔细查找"肇事者",当时认为桨叶材料的剥落是海水腐蚀造成的,但是试验证明在蒸馏水中运动的物体也会出现类似的剥蚀，所以在很长时间内都未能破案。1917 年皇家海军曾聘请英国物理学家莱礼爵士（Lord Rayleigh）来解决船只螺旋桨老化的问题。莱礼爵士发现，螺旋桨表面的气泡才是元凶。原来，水中螺旋桨转动的时候，低压面会形成气泡，气泡爆炸的瞬间，可以产生约 10000 大气压的压力，从而造成螺旋桨面的小凹洞——空蚀——损坏螺旋桨。无数个小气泡不断破裂，在高压气的连续冲击下，轻则会降低螺旋桨的推进效率，重则使金属构件受到破坏而使螺旋桨失效。

接着在水工建筑物和水力机械上也看到同样的现象。在国外，较早的如位于巴拿马恰格莱斯 (Chagres) 河上的麦登 (Madden) 坝，1935 年在泄水道进口处发生了严重的空蚀破坏。又如位于亚利桑那州和内华达州交界处科罗拉多河上的波尔德（Boulder）坝，又名胡佛 (Hoover) 坝，其东岸泄洪洞于 1941 年 8 月 6 日开始运行，4 个月后（即同年 12 月 12 日）在泄洪洞内进行检查时发现反弧段发生了严重的空蚀破坏，形成一个长约 35 米、宽约 9.15 米、最大深度达 13.7 米的大坑。在我国，发生空蚀破坏的实例也很多，如刘家峡水电站，右岸泄洪洞是由施工导流洞改建而成的，水库正常蓄水位至泄洪洞的反弧段落差为 120 米，反弧末端最大流速为 45 米 / 秒。1972 年泄洪时反弧段及其下游底板遭到严重的空蚀破坏，数米长的底板表面破损，最大空蚀坑深达 4.8 米。此外，还有丰满水电站溢流坝面、柘溪水电站等。

据现在分析，空蚀机理除了上述机械力起作用外，化学腐蚀也是一个因素。在空化过程中，空泡急速产生、扩张，又急速溃灭，在液体中形成激波或高速微射流。金属材料受到冲击后，表面晶体结构被扭曲，出现化学不稳定性，使邻近晶粒具有不同的电势。物体表面局部点上材料剥落后，出现的新的纯净金属和周围旧金属之间构成一对电极而产生腐蚀电流，从而加速电化学腐蚀过程。剥蚀区域中材料的机械性能显著恶化，从而导致空蚀量激烈增加。因为空泡在溃灭过程中能形成电离层，所以施加适当的外磁场就能控制空蚀程度。

空蚀是空化的后果，但并非所有空化都造成材料的损坏，只有不稳定的空化，如不定常流动中出现的空化或封闭空泡的尾端，才会引起空蚀。因此，空蚀往往出现在物体的局部区域。为消除和减轻空蚀损坏，运动部件应在尽可能稳定的条件下运转。消除的办法是在可能发生空蚀的部位涂上或包上弹性强的材料，或注入气体以吸收空泡溃灭所辐射的能量，也可用化学防腐方法来减轻空蚀过程中的腐蚀作用。

由于空化造成的气泡容易溃灭，而在水中掺入空气的气泡不易溃灭，因而人们也采用掺气的方法消除空蚀危害。例如，大坝泄洪时，在容易产生空蚀的泄洪面上，用人工补气的方法，使坝面空蚀破坏的程度得到显著改善。

其实，研究者们至今尚没有完全掌握空蚀破坏的机理，有的研究认为是由声、光、电、压等多种物理、化学原因引起的，因此对空蚀破坏的机理及防护技术仍然在深入研究探索之中。

"虹吸管中的水流为什么能流向管道的高处"一文的问题解答

这种间歇性涌泉的生成原因与虹吸管抽水马桶的工作原理相似，如答图3。按图中的状态，抽水马桶无出水，但在桶中仍有一定的积水，起到封闭水管，阻止下水道臭气溢出的作用。当向抽水马桶供水，桶中水面超过虹吸管顶部时，便形成虹吸现象，虹吸管向下排水。由于排水流量较大，很快就能把抽水马桶的水基本排除，并吸入空气，破坏了虹吸作用，虹吸现象停止，排水管断流，于是抽水马桶中的水面回复到初始状态。

如果在自然环境下，有类似抽水马桶状的较大溶洞，而它的出水通道也类似于虹吸管的话，则只要流进溶洞的水流是连续的，而且进水流量大小合适，那么，以上抽水马桶的流动过程就会周期性反复进行。这种情形下便可能形成自然界的间歇性喷泉。

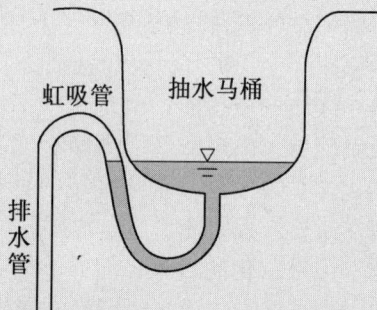

答图3　虹吸管抽水马桶的工作原理

38 巧妙的超速潜体"妙"在何处

1995 年俄罗斯展示了一种名为"暴风雪"鱼雷的资料。这是一种超出常规的高速鱼雷。"暴风雪"重 2.7 吨，直径 533 毫米，长度 8.2 米，由普通的鱼雷发射管发射，水中航速可达 100 米 / 秒（约 200 节），而传统鱼雷最高航速为 60 米 / 秒。它可以在 400 米的水深处攻击以 50 节（约 25 米 / 秒）航速航行的潜艇，具有极大的威慑力，如图 38-1 所示。在此基础上，俄罗斯又研制出了航速达 250 米 / 秒（约 500 节）的超高速鱼雷。

潜体如何能够在水中达到如此高的航速？显然这不是依靠传统技术所能实现的。其中的奥秘便是一项流动真空技术妙用的国际最新发明——超空泡技术的应用。

科学家们在研究气蚀过程中，又发现了一种现象，当水下物体恒压下运动速度提高到 50 米 / 秒或者更高时，水下物体边缘开始出现空泡，空泡逐渐扩大，最后将整个物体包裹在这个空泡中，科学家们把这种现象称为超空泡现象，如图 38-2 所示。物

图38-1 俄罗斯"暴风雪"高速鱼雷

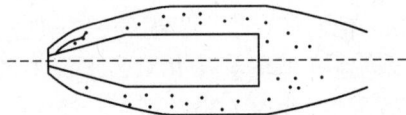

图38-2 高速潜体的超空泡现象

体在水中潜行的阻力大约是在空气中的 1000 倍，产生超空泡的潜体几乎不与水体接触，周身都被空化气体所包裹。因此超空泡能使航行阻力降至最小。

超空泡是怎样发生的呢？下面就以"暴风雪"高速鱼雷为例，说明超空泡的形成过程。图 38-3 是"暴风雪"高速鱼雷的头部形状。当鱼雷通过普通的鱼雷发射管发射以后，起初以常速在水中航行，这时鱼雷自发产生的气体通过头部的喷嘴向前喷射而出，并在鱼雷周围形成气垫式超空泡，如图 38-4 所示。此时鱼雷借助超空泡高效减阻效应，在火箭发动机的推动下航速迅速提升。当达到 50 米 / 秒以上航速时，在鱼雷头部的斜鼻空化器作用下水体出现空化。此时，头部的喷嘴逐渐停止喷气，而鱼雷的航速仍然继续提升，当接近 100 米 / 秒时，头部的喷气已完全停止。而空化现象已充分发展成超空泡现象，如图 38-2 所示。

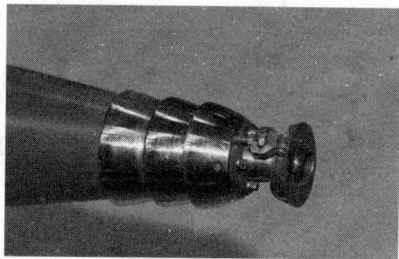

图38-3 "暴风雪"高速鱼雷的头部形状

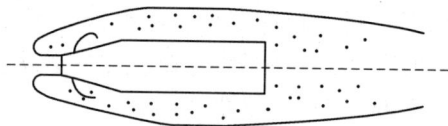

图38-4 鱼雷周围形成气垫式超空泡

前苏联海军最早掌握了超空泡技术，其"暴风雪"号超空泡鱼雷早在 1977 年就已经发明并试验成功。

接着超空泡技术很快在各国军事领域得到研究、应用。美国在 1997 年也完成了一项惊人的试验。他们使在水下发射的超空泡射弹（无动力系统）瞬间达到超过水中声速的 1549 米 / 秒的极高速度（在水温 10℃，水深 1 米时，声速为 1495 米 / 秒）！这一速度如换算成时速则为 5576 千米 / 小时（3011 节）！

超空泡的发现使舰船设计师们大受鼓舞。他们设计了超空泡螺旋桨，使螺旋桨叶片表面完全被气化了的水分子所覆盖，推进效率就不会降低，对螺旋桨叶片的剥蚀也不会发生。

目前，在舰船、潜艇的设计中都正在引入超空泡技术。所谓超空泡舰船就是让整个舰体浸水表面被气泡所覆盖，当然，这种气泡的形成不一定是空化所致，而是人工喷气形成的气垫，但所达到的减阻效果是同等的。因此，不久的将来，航行在水面上的船只和潜行在水中的潜艇也许都能以飞机那样的速度航行。

任何事物都是一分为二的，空化有"弊"的一面（见"水中螺旋桨怎么会被微气泡击坏"一文），也有"利"的一面。巧妙的超速潜体，巧就巧在利用超空化技术提高潜体运动速度，其妙就妙在化弊为利。看来，即便是"弊"也能为我所用，关键是你怎样去"作为"！

欲有所"作为"，往往始于"解读"。下面一例就留给读者解读吧。现在游泳比赛时，运动员普遍穿着鲨鱼皮泳衣，研究表明鲨鱼皮泳衣有非常明显的减阻特性，亲爱的读者您是否能解读其中的奥妙？（答案在书中找）

39 你信吗？简单的喉管竟让几代科学家成了名

喉管结构如图 39-1 所示。你一定难以置信，如此简单的喉管，怎么能让几代科学家成了名呢？可事实确系如此。

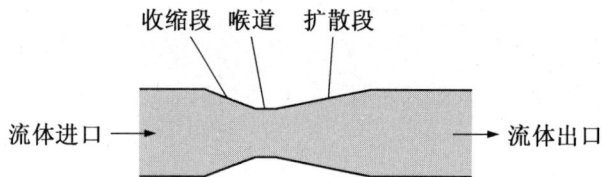

图39-1 喉管

喉管虽然结构非常简单，可它的流动原理却深藏玄机。

第一代因喉管而成名的科学家是文丘里。

根据喉管的流动状况，由伯努利方程知，当不可压缩流体流经喉道时，流速增大，压强减小，在进口与喉道处形成压强差。这是喉管流动的基本原理。对于一个管径及其管径比固定的喉管而言，进口与喉道之间压强差的大小与流量有关，当流量为零时，流速为零，压强差也为零；经过的流量越大，流速差越大，压强差也越大。根据这个原理，早在 18 世纪初，人们就开始运用压差法测量流量。后来意大利人 G.B. 文丘里研究用喉管测量流量，并于 1791 年发表了研究结果。由于喉管流量计原理清晰，结构简单，使用方便，因而应用十分广泛。为纪念这位科学家的这项研究成果，这种流量计便以他的名字命名为文丘里流量计，如图39-2所示。

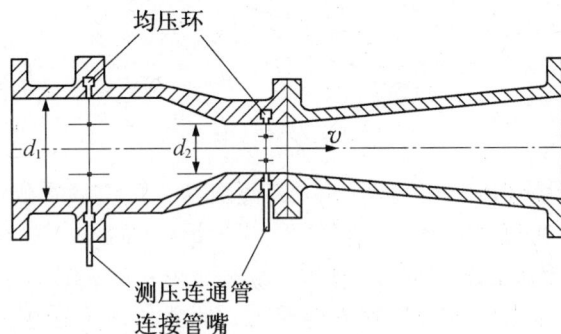

图39-2　文丘里流量计

第二代因喉管而成名的科学家是拉伐尔。

文丘里流量计只能用于不可压缩流体（含低流速的气体）的流量测量。流速在60~100米/秒以上的气体，它的流动特性已不同于不可压缩流体，称为可压缩流体。可压缩流体流经喉管时，它所表现的流动特性已不能用不可压缩流体的伯努利原理解释，尤其是在接近声速的情况下。例如，可压缩气体在等截面管绝热流动时，从亚音速流过渡到超音速流，或者从超音速流过渡到亚音速流都是不可能的。然而，在渐变管上，流动性能又与此不同。亚声速气流在渐缩管中流动是增速的，超声速气流在渐扩管中流动也是增速的。

怎样才能得到超声速气流呢？1883年瑞典工程师拉伐尔利用不可压缩流体在渐变管上的流动特性，发明了一种先收缩后扩大的喉管式喷管。实现了使亚声速气流加速成超声速气流的目的。它最先应用于蒸汽涡轮机中，后在冲压式喷气发动机、超声速风洞等领域广为应用。由于拉伐尔的科学贡献，这种喉管式喷管便被命名为拉伐尔喷管，如图39-3所示。

图39-3也表示了拉伐尔喷管获得超声速气流的流动过程。气流在收缩段作亚声速流动，

并逐渐加速，在喉道处达到临界状态（$Ma=1$），然后在扩散管继续加速成为超声速气流。

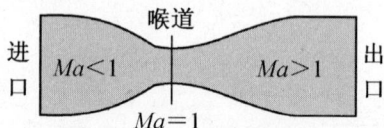

图39-3　拉伐尔喷管

以上两种发明，利用了喉管的两种不同流动特性。其实喉管的流动还有第三种特性，这就是液体在喉管中高速流动时，会在喉部因减压而出现真空，甚至于超真空。于是这第三个特性又造就了新一代成名科学家。20世纪以来，液压火箭发动机开始在航空、航天上应用与发展。其中科学家遇到了一个棘手的难题，那就是火箭从地面到升空的过程中，环境由一个大气压到零大气压的变化，造成火箭发动机液体燃料供应中，因燃料供应管的尾部压力受大气压的变化而无法稳定。正是喉管的第三个特性，让科学家产生了灵感，发明了喉管节流阀，解决了这一科技难题。这第三代因喉管而成名的科学家，因为涉及军工领域，其姓名暂无公开资料可查。

喉管节流阀如图39-4所示，其实它就是一个简单的喉管而已，那么它是怎样起到燃油供应的稳压作用呢？节流阀被安装在燃油供应管道的中部，其管径比（d_1/d_2）能使火箭在离地前的燃油输送中，喉颈处的压强达超真空的负一个大气压状态。这是极限低压状态，它不会受燃油输送管尾部的大气压降低而变化。因此，燃油的流量仅决定于供油的控制装置，而与升空过程中大气压的降低无关。

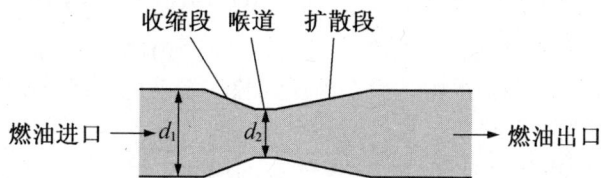

图39-4　喉管节流阀

因喉管成名的科学家还有很多，例如将喉管缩小到微观尺度，利用其毛细现象发明了水银温度计的奥尔巴特，见"水银体温计为何能保持读数"一文；又如，将喉管扩大到宏观尺度，发明了供空蚀、空化模型试验用减压仓的科学家，等等。图 39-5 是其中的又一例，这是水流经过喉管时的空化现象，箭头表示流动方向。在喉管后的扩散段上，可以看到因汽化产生的水蒸气与水混掺的流动情形。这一例机会就留给读者吧，也让你成名，请问读者，您根据这个流动特性，又能发明什么新装置呢？（答案在书中找）

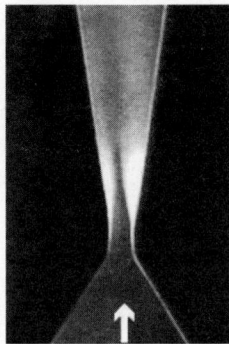

图39-5　管流中的空化现象

　　在"铅鱼不是炸弹，用在哪里"一文中，曾有感而发："相同的原理，结构决定功能"。这里，更有感而发："相同的结构，原理决定功能"。确实，这些案例都蕴含着发明创造的真谛，值得我们细细品味，好好领会。

主题二：飞行器的流体运动科学

40 超声速飞机为什么是尖头后掠翼式

　　美国贝尔飞机公司的 X-1 实验型飞机，在著名的试飞员 Chuck Yeager 的操控下，于 1947 年 10 月 14 日首次在平飞中突破声速，自此以后，超声速飞机迎来了快速发展。如今美国宇航局研制的 X-43A 超声速实验飞机速度可以达到约为 10 马赫（即每小时 11260 千米）的试验时速。超声速飞机的发展同时也推动了民用客机的发展，在 1992 年 10 月，一架协和超声速客机为纪念哥伦布发现美洲新大陆 500 周年，只用了 32 小时 49 分钟，绕地球环行一周，创下了环行新纪录。当我们第一次看到超声速飞机，我们会为它的尖头蜂腰修长的外形感到很奇怪，那么它的外形设计里含有什么奥妙呢？

　　当时研究高速飞机的科学家们发现，当飞机的时速接近声速，即等于 1 马赫时，飞机的状态就像撞在了一堵墙上，机体剧烈震动，开始操纵困难，这就是"声障"的来源。如何突破声障从而达到超声速飞行成为解决问题的关键。当大家都在想着如何能够使飞机穿过挡在前面这堵墙时，有个科学家想到了海洋里的箭鱼。如图 40-1 所示，箭

图40-1 箭鱼

鱼快速游泳的体型为飞机设计师提供了活生生的设计蓝图。设计师仿照箭鱼外形，在飞机前安装一根长"针"，这根长"针"刺破了高速前进中产生的"声障"，机翼也做成像箭鱼翅那样向后掠，使飞行阻力更小，这样超声速飞机就问世了，如图40-2。所以高速飞机的出现，也是仿生学的一大成功。

图40-2　超声速飞机

小贴士

　　箭鱼外形特征：体长达3米，质量可达900千克，上颌呈剑状突出。吻长似箭，体粗壮，纺锤形，背腹面钝圆。尾柄粗强，平扁，每侧具一发达的隆起。头大。吻由前颌及鼻骨组成，向前延伸，如箭状，平扁，眼大，上侧位，眼间隔宽平。口裂大，下颌较短。成鱼无牙（幼鱼有细牙），颚骨和舌上无齿。前鳃盖骨边缘无锯齿（幼鱼具齿）。成鱼皮裸露，无鳞，表皮粗糙，侧线不明显。背鳍两个。第一背鳍前部高，成三角帆状，自14鳍条后的各鳍条甚短，纳于背沟中，不外露。第二背鳍短小而低，位于尾柄部，臀鳍两个，第一臀鳍较大，位于体的后部，第二臀鳍与第二背鳍同形相对。头及体背为蓝紫色，腹部淡黑色，无斑纹。各鳍暗蓝色，具银色光辉。

　　箭鱼在海洋中可算是游泳冠军了，游泳时的平均速度可达28米／秒，连最快的轮船都望尘莫及，而它的冲刺速度远远超过平均速度。箭鱼用它那上颌突出的锐利的"剑"，依靠高速冲刺的动能，居然能穿透55.8厘米厚的木板船舷，留下圆周10多厘米的洞。

　　那么尖头后掠翼式的超声速飞机体型有何科学依据呢？原来飞机在空气中飞行时，前端对空气产生扰动，形成扰动波，并以声速传播。若以飞机为参照物，其传播形态如图40-3所示。图40-3(a)是飞机静止时的传播形态，就好像石头扔到静止湖面上产生的水波。当飞机的

四

综合篇

速度小于声速时，扰动波的传播速度大于飞机前进速度，因此它的传播方向为四面八方，但向前传播的速度小于向后传播的速度，如图 40-3(b) 所示；而当物体以声速或超声速运动时，扰动波的传播速度等于或小于飞机前进速度，这样，后续时间的扰动就会同已有的扰动波叠加在一起，形成较强的波，空气遭到强烈的压缩而形成了激波。图 40-3(c) 为飞机的速度等于声速时产生的正激波，图 40-3(d) 为飞机的速度大于声速时产生的斜激波。超声速飞机的速度越大，由机头产生的斜激波夹角（称马赫角，Ma）就越小。激波是一种强压缩波，厚度非常小，是一压强、密度、温度都比周围空气大得多的气体薄层。激波有很大的破坏力，例如炸弹爆炸时形成的激波可以像刀削般将钢筋混凝土墙、柱摧毁。

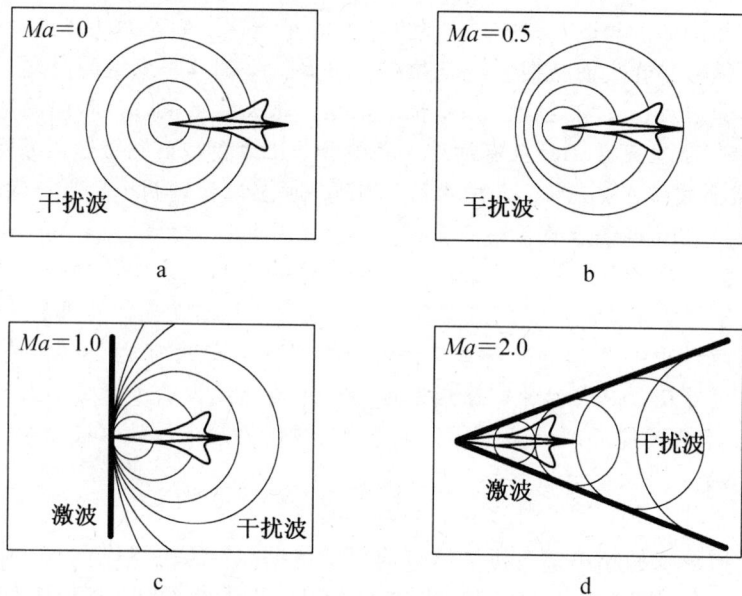

图40-3　不同飞行速度下扰动波的传播

物体作超声速运动时都会受到波阻的作用，激波越强，波阻越大。如果像亚声速飞机那样机头呈圆钝型，那么在机头前会形成正激波，但如果机头是尖型的，那么在机头前形成斜激波。正激波强度比斜激波大得多，波阻也大得多。因而激波的强度又与机头的转折角有关，在同样飞行速度下，机头的转折角越小，激波的强度越弱，因此为了减小波阻应该把超声速飞机的头部做得尽量的尖。

同时如果飞机的外形也仍然像亚声速飞机那样，机翼展翅，机身粗短，则机翼、机身都会超出马赫角的范围，受到激波阻力。但如果将机身变为细长，机翼改为后掠，使飞机除头部之外都不接触到机头所产生的激波面，也就是说使整架飞机处在马赫角范围内，如图 40-3(d)。另外，后掠式机翼的翼缘自身又不易产生激波，具有亚声速特性。这样只有机头是超声速飞行（产生激波），而机翼、机身仍然处于亚声速飞行状态，从而大大地削弱了激波阻力。

由于飞机超声速飞行的速度越快，马赫角越小。因此若飞机的高超声速性能越优，则它的头部越尖（需设尖刺），体型更细长，机翼更加靠尾部，后掠角增大。

"汽车的阻力来自前方还是后方"一文的问题解答

鱼的圆头尖尾体型是长期与自然界适应过程中演化而形成的，如答图 4 所示。这种体型与原文中图 11-3 的流线型体十分相似。流线型体是一种流动阻力最小的体型，它在尾部不会形成旋涡，而非流线型体型都会在尾部形成旋涡，增加阻力，因而增加能耗。鱼类在水中畅游时，所受到的阻力与汽车行进时的情况相似，其形体阻力远大于摩擦阻力。因此要减小鱼的流动阻力，主要需改变自身的形状，以适应长期在水中畅游的生存环境。所以，善游的鱼大多是圆头尖尾的，尤其是尾部，几乎所有的鱼都是尖尾型的。这是因为尖尾是流线型体最根本的特征。

答图4　鱼的圆头尖尾体型

41 卫星的回收舱为什么是钝头体

　　大家一定都还记得在 2003 年 10 月 15 日上午 9 时，中国成功发射第一艘载人飞船神舟五号。21 个小时 23 分钟的太空行程，标志着中国已成为世界上继前苏联和美国之后第三个能够独立开展载人航天活动的国家。神舟五号飞船成功着陆时只剩下一个钝钝的圆头型载人舱，正是靠着它我们的宇航员杨利伟安然无恙地返回了地球，中国的第一次载人太空行才算取得圆满成功。电视机前的你也许纳闷，为什么神舟五号宇宙飞船回来时是这个模样，这样的结构设计又有怎样的优点呢？

　　在夏天晴朗的夜晚，我们在外面乘凉时仰望灿烂星空，有时会看到耀眼的陨石划过天空，倏忽即逝。陨石进入地球为什么会发光呢？原来，这是高速飞行的陨石进入大气层与空气剧烈摩擦，猛烈燃烧而发出的光亮。当我们的神舟五号载人飞船完成任务返回地球时，面临着与陨石同样的残酷生存环境。研究表明，当宇宙飞行器的飞行速度达到 3 倍声速时，其前端温度可达 330℃；当飞行速度为 6 倍声速时，可达 1480℃。宇宙飞行器遨游太空归来，到达离地面 60~70 千米时，速度仍然保持在声速的 20 多倍，温度在 10000℃以上，这样的高温足以把航天器化作一团烈火，使制造宇宙飞行器的材料强度、刚度下降，机械性能变坏，使整体的承载能力下降。而且，材料在高温下会产生蠕变和屈曲，导致飞行器的外形变化，甚至引起部件发生颤振。还有，当温度超过 350℃时，飞行器上各种胶、涂料和密封材料也会遭到破坏。因此，高速飞行的气动加热给飞机带来一系列问题，阻碍了飞行速度的提高，人们把这一道很难逾越的障碍称之为"热障"。

　　为了克服热障，陨石穿越太空到达地球的神奇经历给了科学家们以特殊的启迪。分析陨石的成分和结构发现，陨石表面虽然已经熔融，但内部的化学成分没有发生变化。这说明陨石在下落过程中，表面因摩擦生热达到几千度高温而熔融，但由于穿过大气层的时间很短，热量来不及传到陨石内部。给宇宙飞行器的头部戴一项用烧蚀材料制成的"盔甲"，把摩擦产生的热量消耗在烧蚀材料的熔融、气化等一系列物理和化学变化中，"丢卒保车"，就能达到保护卫星的回收舱的目的。

　　作为烧蚀材料，要求汽化热大、热容量大、绝热性好，向外界辐射热量的本领强。烧蚀材料有多种，陶瓷是其中的佼佼者，而纤维补强陶瓷材料是最佳选择。近年来，研制成功了许多具有高强度纤维，用它们制成的碳化物、氮化物复合陶瓷是优异的烧蚀材料，成为卫星的回收舱的不破盔甲。

科学家们一方面研究新型的耐热材料以求进一步提高飞行器速度，同时也在改进飞行器的外部结构来减轻热障。空气动力加热理论研究表明，卫星的回收舱在减速期间所受的总热量与形体阻力有关，形体阻力越大，所受的总热量越小。换句话说，卫星的回收舱应该是钝头体而非流线型体。这是因为热量与摩擦有关，而飞行器在飞行中受到摩擦阻力，也受到形体阻力。如果摩擦阻力在总阻力中占主要地位，那么发热量就会很大。只有当形体阻力在总阻力中占主要地位时，才会减少因摩擦而产生的热量。在俄罗斯，典型的卫星的回收舱是球状的，而美国飞行器通常是钝锥状的。在再入大气层的飞行期间，球状发热量较小，但是钝锥状有较好的方向稳定性。

　　这便是卫星的回收舱的形体科学。这么简单的外形却蕴含着如此奥妙，这不正应验了人们常提倡的"知识需要'学'，更要'问'；事物需要'观'，更要'察'"的理念吗？所谓观只能见其"貌"，察才能知其"妙"，才能享受到更美的乐趣！

42 听说过水中远程滑翔机吗

空中滑翔机是一种无动力的飞机，它依靠自身的高度势能克服空气阻力在空中飞翔。其飞行高度逐渐降低，直至回到地面。所以滑翔机起飞的地方往往选在高山的悬崖顶上。高度越高，飞行的距离就越远。那么空中的滑翔机是怎样下"水"的，它又怎样实现远航的呢？

当然空中的滑翔机是不可能飞到水下去的。这里所说的下"水"，是指水下的滑翔机是怎样发明的。

我们知道空气和水都属于流体，流体力学的发展将目前很多航空技术都引入水中，水下滑翔机就是其中一例。水下滑翔机是近年来国际最新发明的一种令人耳目一新的无人潜航器。它最显著的特点是航行时不需要主动推进力，在水下环境中作纵向运动的动力来自垂直运动的能量转换，而垂直运动的动力则来源于自身浮力的改变。它不需要太多的能量便可长时间续航，其续航力是以月和年计的。自 1989 年 Henry Stommel 提出"水下滑翔机"的创意以来，各种各样的水下滑翔机纷纷问世，为无人运载器在军用及民用领域的应用谱写了崭新的篇章。图 42-1 是一架供科研使用无人驾驶的滑翔机。它曾在海中安静地"滑翔"一个多月，曾经靠近观察鲸鱼等各种海洋动物，全天不间断地搜集各种海洋生物信息。无论海面上如何风高浪险，身轻体瘦的它都能"忠实"

图42-1　水下滑翔机

地将包括鲸鱼的情话、大浪的轰响等声音数据统统汇报给研究人员。

　　滑翔机周身无推进器，那么它是依靠什么动力来克服水阻力向前运动的呢？原来在滑翔机的体内有一个像潜艇那样的注水仓。它依靠吸进、吐出海水改变浮力，吸进海水时下沉，在吐出海水时上浮，并借助侧翼产生水平动力。不难理解，水下滑翔机和空中滑翔机都是采用同样的动力原理产生滑翔的。由于吸进和吐出海水所需的能量比螺旋桨或喷水发动机的所需的能量节省得多，况且它在上浮与下沉的一个周期中只需完成一次吸进和吐出海水的动作。它在近海面时吸进海水，机体便向下滑翔，当接近海底时，吐出海水，机体便向上滑翔。因而在滑行过程中，无需再消耗能量提供航行动力，可以依靠很少的能量安静地在水下"滑翔"。

　　水下滑翔机和空中滑翔机有一个很大的区别，空中滑翔机在滑行的过程中总体只能向下，所以其机翼角度是固定不可调节的，但水下滑翔机的机翼角度是活动的，能根据上滑和下滑受力特性自动调节，如图42-2所示。图中a、b分别为上浮和下潜滑行时的机翼倾角。

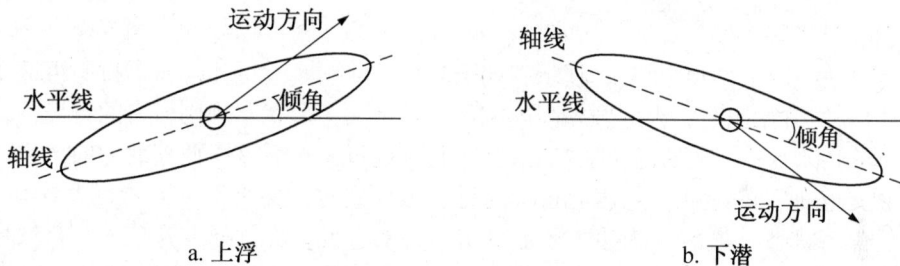

图42-2　滑翔机机翼倾角

　　Henry Stommel 的一个创意，引出了一项重大的国际发明，可见"创意"在科技创新中有多么重要。在学习、生活和工作中，我们是否也可以多培养一点自己的"创意"精神呢？

四　综合篇

主题三：旋流与应用

43 龙卷风的成因与危害

2005 年 6 月 10 日 16:00 左右，辽宁省朝阳县乌兰河硕乡七星扎兰营子村一组遭受龙卷风袭击。15:30 左右开始阴天，天空开始降冰雹，直径很大，形状不规则，有的有棱角，没有降雨。接着远处传来比火车声音还尖利的轰鸣声，越来越近。然后该村西偏北方向出现一根"上大下小，顶天立地"的黑柱，急速向村子逼近。黑柱到时，伸手不见五指，大约有 3～5 分钟完全处于黑暗状态。龙卷风影响时间有 10 分钟左右。此次龙卷风共造成 4 个自然村 130 多户受灾，41 户重灾，受灾人口 450 人，其中死亡 8 人，受伤 28 人，重伤 15 人。龙卷风还造成多处房屋倒塌、牲畜死伤，农田受灾面积 800 平方千米，绝收面积 466.7 平方千米。

龙卷风是一种强烈的、小范围的空气涡旋，是一种高速旋转的漏斗状云柱的强烈旋风。龙卷风中心附近风速可达 100～200 米/秒，最大可达 300 米/秒，比台风中心最大风速大好几倍。龙卷风中心气压很低，一般可低至 0.4 个大气压，最低可达 0.2 个大气压。发生在湖、海上，称为"水龙卷"（如图 43-1）。它具有很大的吸吮作用，可把海（湖）水吸离海（湖）面，形成水柱。发生在陆地上，称为"陆龙卷"（如图 43-2）。它具有极大的破坏力，能把大树连根拔起，将建筑物吹倒，或把部分地面物卷至空中。龙卷风漏斗云柱的直径，平均只有250米左右。它的生命史短暂，一般维持几分钟到一两个小时。龙卷风的移动多为直线，移动速度平均为15米/秒，最快的曾达70米/秒。路径长度一般为5~10千米，短的只有300米，个别长的可达300千米。龙卷风的漏斗云柱一般是垂直向下的，但有时因空中风比地面风大，它的上部会顺着气流方向倾斜。龙卷风出现的时间一般在六七月间，有时也发生在八月上中旬。

图43-1　水龙卷

图43-2　陆龙卷

　　大自然里的龙卷风诞生在雷雨云里。在雷雨云里，空气扰动十分厉害，上下温差悬殊。在地面，气温是摄氏二十几度，越往高空，温度越低。在积雨云顶部八千多米的高空，温度低到摄氏零下三十几度。这样，上面冷的气流急速下降，下面热的空气猛烈上升。上升气流到达高空时，如果遇到很大的水平方向的风，就会迫使上升气流"倒挂"（向下旋转运动）。由于上层空气交替扰动，产生旋转作用，形成许多小涡旋。这些小涡旋逐渐扩大。上下激荡越发强烈，终于形成大涡旋。大涡旋先是绕水平轴旋转，形成一个呈水平方向的空气旋转柱。然后，这个空气旋转柱的两端渐渐弯曲，并且从云底慢慢垂下来。对积雨云前进的方向来说，从左边伸出云体的叫"左龙卷"，从右边伸出云体的叫"右龙卷"；前者顺时针旋转，后者逆时针旋转。伸到地面的一般是右龙卷，左龙卷伸下来的机会不多。

四
综合篇

　　龙卷风是自然界中的一种高速旋涡。龙卷风的产生还有一个重要的内部诱因，这就是上升的高湿度热空气在高空突然降温时水蒸气的自动凝结作用。高湿度的空气水分凝结时，空气的压强会急剧下降，造成相对于周围空间的大气负压，而这种负压就是形成龙卷风的中心负压。这种负压中心一旦形成，周围的空气就会立即补充，并形成气旋。由于负压往往是从低温度的高空开始形成的，因而也就形成了自下而上且围绕中心旋转的空气大旋涡——这就是龙卷风。值得一提的是，龙卷风的运动可以是气旋式的（逆时针方向旋转），也可以是反气旋式的（顺时针方向旋转），与地转偏向力（科氏力）没有太大关系。但多数为气旋式的，因为不稳定大气多为气旋。

　　尽管炎热干旱的地区有时也会出现小型的龙卷风，但大型的龙卷风都是出现在靠近海洋、湖泊的广大地区。靠近太平洋海岸的美国就是龙卷风经常光顾的地方，因为那里靠近海洋，夏季空气湿度较大，经常变化的气候很容易使空气中的水蒸气凝结，进而形成局部的小规模的空气负压中心，导致龙卷风形成。即使相对干旱地区，夏季也会蒸发一定量的水分，在一定条件下遇冷凝结形成小的龙卷风。

　　图43-3是实验室中圆筒水体高速旋转形成的旋涡。图43-3(a)、(b)分别是旋涡涡心下垂，

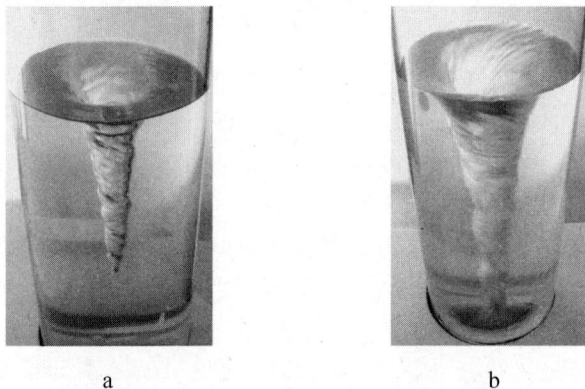

a　　　　　　　　b

图43-3　圆筒内水体高速旋转形成的旋涡

尚未触底和已经触底时的形态。在涡心处水压很低，形成水汽混掺的剧烈扰动状。演示了触底龙卷风涡心气压低，能将地面重物卷吸升空的情景。

龙卷风的袭击突然而猛烈，产生的风是地面上最强的。在美国，龙卷风每年造成的死亡人数仅次于雷电。它对建筑的破坏也相当严重，经常是毁灭性的。在强烈龙卷风的袭击下，房子屋顶会像滑翔翼般飞起来。一旦屋顶被卷走后，房子的其他部分也会跟着崩解。因此，建筑房屋时，如果能加强房顶的稳固性，将有助于防止龙卷风过境时造成巨大损失。1995 年在美国俄克拉何马州阿得莫尔市发生的一场陆龙卷，诸如屋顶之类的重物被吹出几十千米之远。大多数碎片落在陆龙卷通道的左侧，按重量不等常常有很明确的降落地带。较轻的碎片可能会飞到 300 多千米外才落地。1956 年 9 月 24 日上海曾发生过一次龙卷风，它轻而易举地把一个 11 万千克重的大储油桶"举"到 15 米高的高空，再甩到 120 米以外的地方。当龙卷风来临时，一棵苹果树被连根拔起，而几米开外的蜂窝却纹丝不动；一辆小汽车的一个轮子被野蛮地摘掉了，而小汽车却还稳稳地停在那里……由于漏斗状龙卷风的急速旋转和龙卷风之外几乎静止的空气所形成的强烈反差，导致被它碰到的物体的遭遇与邻近物体的反差也很大。龙卷风将沿着有较大的水平涡度（风速水平切变较大），可引起强烈对流大气层结的地方移动，和高空风向大体一致，龙卷风上方倾斜的方向，就是龙卷风移动的方向。我们可以根据以上特点来判断龙卷风的行进方向，将物体尽可能地转移出龙卷风的影响范围，尽量减少损失。

与龙卷风类似的一种旋转对流现象是尘卷风（如图 43-4）。尘卷风是由地面局部增热不均匀而形成的一种特殊的旋转对流运动（小旋风），以卷起地面尘沙和轻小物体形成旋转的尘柱为特征。在尘卷风形成的过程中，外围空气通过贴近地面的薄层被地面加热后流向中心部位，外围空气的旋转能量在中心部位得到加强形成尘卷风，其旋转能量是热对流泡原先具有的旋转能量的局部集中和一部分势能转化而形成的，其旋转方向是由热对流泡的初始旋转方向所决定的。

图43-4　尘卷风

44 台风成因与移动路径的力学解读

  热带气旋根据底层中心附近最大平均风速可分为：热带低压、热带风暴、强热带风暴、台风、强台风和超强台风。本文所说的台风是指发生在北半球的各种强度热带气旋的总称。

  西北太平洋是全球台风发生最多的地区，占全球热带风暴的36%。西北太平洋和南海地区是全年各月都有台风发生的唯一地区，平均每年大约有27～28个达到热带风暴强度以上的热带气旋生成。我国东部地区地处亚洲东部、西北太平洋西岸，而热带气旋生成后多取西北或偏西路径移动，因此我国是世界上少数几个受台风影响最严重的国家之一，平均每年有7个台风在我国登陆，最多年份达12个。有些台风尽管没有登陆，但仍会对沿海造成较大影响。台风登陆我国主要集中在7、8、9三个月，其次是6月和10月。沿海各省自南向北从海南、广西、广东、

图44-1　台风卫星云图

台湾、福建、浙江、上海、江苏、山东、天津一直到辽宁等省市区均可能受到台风活动的影响，而广东、海南、台湾、福建、浙江省受台风影响的频率最高。历年来在浙江登陆的超强台风，如2004年第14号台风"云娜"、2005年第5号台风"海棠"、2006年第8号台风"桑美"、2007年第13号台风"韦帕"和第16号台风"罗莎"都给浙江造成了巨大的损失。

  台风的成因和移动路径，至今仍无法十分确定，下面我们用力学的观点对它进行探讨。

台风常见形态

台风形成后，一般会移出源地并经过发展、减弱和消亡的演变过程。一个发展成熟的台风，圆形涡旋半径一般为 500～1000 千米，高度可达 15～20 千米，台风由外围区、最大风速区和台风眼三部分组成。外围区的风速从外向内增加，有螺旋状云带和阵性降水；最强烈的降水产生在最大风速区，平均宽 8～19 千米，它与台风眼之间有环形云墙；台风眼位于台风中心区，最常见的台风眼呈圆形或椭圆形状，直径约 10～70 千米不等，平均约 45 千米，台风眼的天气表现为无风、少云和干暖。

台风成因力学解读

台风是由热带大气内的扰动发展而来的，基本发生在北半球大约离赤道 5 个纬度以上的热带洋面上。海面因受太阳直射而使海水温度升高，海水容易蒸发成水汽散布在空中，故热带海洋上的空气温度高，湿度大，这种空气因温度高而膨胀，致使密度减小，质量减轻，而赤道附近风力微弱，所以很容易上升，发生对流作用，同时周围之较冷空气流入补充，然后再上升，如此循环不已，终必使整个气柱皆为温度较高、重量较轻、密度较小之空气，这就形成了所谓的热带低压。

然而空气之流动是自高气压流向低气压，就好像是水从高处流向低处一样，四周气压较高处的空气必向气压较低处流动，而形成风。这种向中心的气流运动受到地球自转偏向力（科氏力）的作用，会形成气旋。在北半球气旋的方向为逆时针（详见"生活中的科氏力"一文），所以台风的形态是一个大尺度的逆时针旋涡。不论你站在台风区中的哪一个地方，只要你背风而立，台风的中心一定在你的左前方 45～90° 的方向内。同样道理，当你处在大型气压场的风带处时，只要你背风而立，低气压中心总是在你的左侧，而大尺度物体所受到的气压梯度力也同样指向左侧。

在旋涡的中心垂直方向风速不能相差太大，上下层空气相对运动很小，使初始扰动中水汽凝结所释放的潜热能集中保存在中心附近的空气柱中，形成并加强台风暖中心结构，这便形成了台风的风眼。

从力学的角度看，无论是水旋涡还是气旋，它不外乎 3 种基本形态：强迫涡、自由涡和组合涡（肯兰涡）。

小贴士

　　　肯兰涡是由强迫涡和自由涡组合而成的组合涡。所谓自由涡是指流体质点的流速和涡心距离成反比的旋涡，也就是说，越接近旋涡中心，质点的速度越大。例如在一个盛水大圆盆的中心，开一个圆孔，当水流自圆孔出流时盆中所形成的旋涡，越接近圆孔的区域流速越大，这种旋涡便是自由涡。所谓强迫涡是指流体质点的流速和涡心距离成正比的旋涡，也就是说，越接近旋涡中心，质点的速度越小。例如旋转圆筒带动桶内液体旋转所形成的旋涡，越接近桶边区域流速越大，这种旋涡便是强迫涡。那么，中心部分为强迫涡，外围部分为自由涡的组合涡便称之为肯兰涡。

　　台风虽说是一个大尺度的旋涡，但对于地球物理而言仍然是一个小涡团而已。其主要的力学性质跟我们日常生活中所看到的小涡团并无实质性差异。由上述台风形态描述可知，其流速分布如图44-2所示。台风外围区的风速从外向内增加，直至最大风速区，而后从最大风速区向台风眼方向风速迅速减小，在风眼区风速接近于零。因此台风中心部分带有强迫涡的性质，外围则带有自由涡的性质。

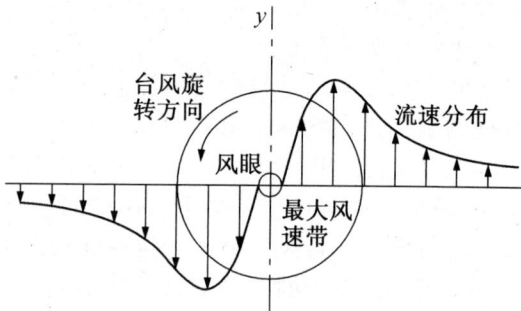

图44-2　台风流速分布

　　台风的强度除受内部气流对流运动和扰动的影响之外，还受到外界气旋的影响。根据旋涡理论，在生成台风气旋的相邻区域，就可能生成新的旋转方向相反的气旋。有研究表明，相邻气旋的发展对台风强度的增加有明显的影响。

台风移动路径的力学解读

台风的移动路径与许多因子有关，包括大范围流场（如副热带高压、西风槽等）、海面和大气的温度、地形以及台风本身的结构和强度等。其中经常起主要作用的是台风的环境流场。由于环境流场或台风本身条件的突变，以及其他复杂因素的影响，台风路径会发生急剧折向、跳跃、停滞、打转和摆动。对这些异常路径的预报难度很大。现在比较认同的理论认为，台风移动的方向和速度取决于作用于台风的动力。

在北半球，将台风作为一个单体存在于地球大气环境中，可作受力分析如图44-3所示。

假如台风随大型东风带气流向西运动，台风旋涡气团所受的力有：

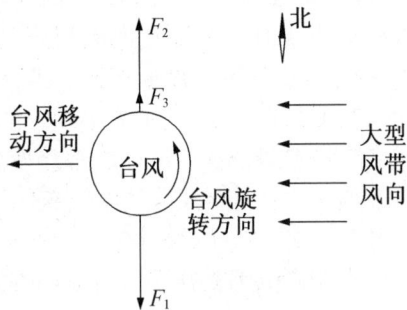

图44-3　台风受力分析

1. 气压梯度力 F_1

我们把台风作为一个整体，台风位于大型气压场中，由于受到大型气压场水平分布不均而产生气压梯度力。台风位于东风带中，作用在台风上的气压梯度力的方向向南，如图44-3中 F_1 所示。

2. 地转偏向力（科氏力）F_2

当台风移动时，在台风整体上存在地转偏向力的作用，此力的方向与台风移动的方向垂直，指向台风移动的右前方，台风向西移动，则地转偏向力指向北，如图44-3中 F_2 所示。

F_1 和 F_2 是作用在台风上的外力。

3. 内力 F_3

由于地球自转参数（也称科氏参数）随纬度增高而变大，越接近赤道区域，水平方向科氏力越接近零。对于一个轴对称的水平旋涡来说，其中心北侧质点所受的地转偏向力（即科氏力）大于南侧对称点地转偏向力的数值，而其东西两侧对称点所受的地转偏向力恰好大小相等而方向相反。因此，气旋式涡旋的总体将受到一个向北方向的内力，如图44-3中 F_3 所示。

应该说明，除了轴对称的圆形运动以外，根据周轴对称的半径方向的水平运动可以推导出向西方向的内力，但此内力数值很小，这里忽略不计。

F_3 和 F_2 均向北，内力 F_3 约为科氏力 F_2 的十八分之一，所以科氏力是台风气团受到向北方向的主要力。内力 F_3 与台风强度成正比，地转偏向力 F_2 与台风的移速成正比，气压梯度力 F_1 与等高线的密度成正比。当台风向西以稳定路径移动时，地转偏向力 F_2 与内力 F_3 之和相对气压梯度力 F_1 处于大小相等的平衡状态。如果，气压场改变，或者东风带的风速改变，或者台风自身的强度改变，都会使台风的受力平衡发生改变，进而引起台风移动方向和路径的改变，这就是台风路径发生变化的主要动力学原因。在以上受力分析中，因受岛屿、陆地、山脉等影响而产生的摩擦阻力和局部阻力未考虑。

由于影响因素众多，目前还难以对台风的受力进行精确的定量计算，对台风移动路径的精确预报尚不成熟。但台风行走路径根据季节不同仍然存在一定的统计规律。以北太平洋西部地区台风为例，其移动路径大体有三条。

① 西移路径：台风从菲律宾以东海面一直向西移动，经我国南海，在华南沿海和海南岛、越南沿海一带登陆。这条路径的台风对我国华南地区影响较大。这种路线多发生在 10—11 月，2006 年就是典型的例子。

② 西北移路径：台风自菲律宾以东海面向西北方向移动，横穿我国台湾和台湾海峡，在闽、粤一带登陆；或者穿过琉球群岛，在江、浙沿海登陆。这条路径的台风常常 7—8 月侵袭我国大陆，并逐渐减弱为低气压，对华东、华南均有很大的影响，所以有人称之为"登陆型台风路径"。

③ 转向路径：台风在菲律宾以东海面先向西北方向移动，以后转向东北，呈抛物线状，是最多见的路径，如台风在远海转向，主要袭击日本或在海上消失；如台风在近海转向，大多向东北方向移动，影响朝鲜，但有一小部分在北上的后期会折向西北行，登陆于我国辽鲁沿海。冬季这类台风的转向点很偏南，有可能影响菲律宾和我国台湾一带。

台风移动路径随季节而异，一般说来，夏季台风多属路径②，其他季节则多属路径①、③。

我国对台风的科学预报已经达到世界先进水平，相信运用科学的力量，我们能更加科学地揭示台风的成因，并准确预测台风的移动路径和强弱变化，将灾害损失降到最低程度。

45 来自搅拌糖水的国家科技进步奖
——冲排沙旋流器

俗话说，"跳进黄河洗不清"，可想而知，黄河之水有多么浑浊！正如唐代刘禹锡写"九曲黄河万里沙，浪淘风簸自天涯"。的确，黄河的特点是水少沙多，据统计，黄河多年平均含沙量达 37.6 千克／米³。要想从奔腾的黄河水中取出一股清流来畅饮，这听起来似乎是痴人说梦。然而，新疆农业大学的一项科技发明便把这一梦想变成现实。这项发明就是获得发明专利的让浊水变清的装置——浑水水力分离清水装置。由于其在工程应用中发挥了巨大的社会效益，因而在 2001 年荣获了国家科技进步二等奖。

从动态浑水中分离出清水一直被国内外水利界认为是不可能的事，更无先例可循，然而利用这个装置我们看到，从泥巴水中分离出的清水装在一只普通的矿泉水瓶子里，看上去清澈透明。

泥沙问题是世界普遍关注的大问题，解决河渠泥沙灾害是水利工作者们多年来的攻关难题。我国西北与西南等许多地区的河流大都属于山溪性河流，河水含沙量大，引水就得防沙。过去解决灌溉和引水发电等的沙害问题，主要采用由原苏联引入的曲线型沉沙池和厢型沉沙池等排沙设施，可这些设施只能排除引水中的小部分来沙，但排沙耗水量却要占到引水量的30% 左右，这样大的排沙耗水量在新疆难以使用，致使沙害日趋严重。浑水水力分离清水装置的发明，对粒径大于 0.5 毫米的泥沙甚至数十厘米的卵石可 100% 分离，对粒径为 0.5~0.05

毫米的泥沙可分离出 90% 以上，对粒径为 0.05～0.025 毫米的泥沙在实际工程中的分离率已平均达 78.8%；随泥沙一起分离出的水量平均仅占总引水量的 3%～5%。该泥沙排沙技术所具有的突出特点是：按工程要求排除不同粒径级泥沙的效率、处理含沙水流的范围、排沙耗水率和工程投资等重要经济技术指标，均远远优于目前国内外其他已有排沙设施。奔腾的浑水通过管道进入该设备后，不加任何化学药剂，不外加任何动力，完全靠水流自身水力作用，便可以不断地获得透明的清水，且工程结构简单，造价低廉，运行管理方便，工作稳定可靠。

那么，这个浑水水力分离清水装置有怎样的奥妙呢？浑水水力分离清水装置又称为漏斗式全沙排沙设施，构造如图 45-1 所示。该装置的主体部分为漏斗室 2。其形状为一圆盆型，底部为漏斗状，中心有漏斗底孔 5。其顶部设有半圆形悬板 4，在盆壁设有调流墩 6。泥沙经分离后通过漏斗底孔 5 带水排出。进水口设在悬板下方，含沙水流自进水涵洞 1 沿盆壁切线方向流入漏斗室 2，清水经悬板 4 上方溢出进入清水引水渠 3。

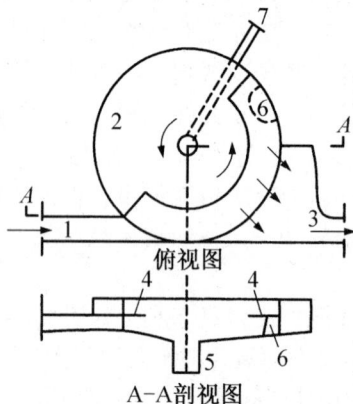

图45-1　漏斗式全沙排沙设施示意图

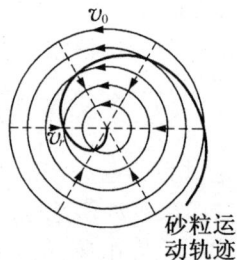

图45-2　砂粒运动轨迹

这么简单的一个装置，是怎么来实现水沙分离的呢？其实这种漏斗型水沙分离装置的原理是巧妙地利用了螺旋流水沙分离特性。

　　如图 45-2 所示，根据实际观测，在漏斗室中，水流运动速度可分解为沿圆周方向的 v_0 和沿径线方向的 v_r。v_r 相对 v_0 很小，可忽略不计。所以在漏斗室中，实际上是以旋流为主，而泥沙粒径的运动轨迹为螺旋形。

　　因为漏斗底孔的出水量很小，若不考虑底孔附近的流态，那么漏斗室内的旋流在进流作用下形成中间流速小，外围流速大，流速与距离成正比，是一种具有强迫涡流动特性的旋涡。存在于水中的泥沙在涡旋中运动时，受到离心力、压强梯度力、重力以及水沙相对运动所产生的摩擦力共同作用，其运动速度逐渐滞后于水流速度。泥沙在运动过程中，在重力作用下有下沉的趋势；同时砂粒受到压强梯度力（这是因水面的旋转抛物面而引起沿径向的水深不同造成的）的作用，分析表明压强梯度力大于砂粒的离心惯性力，因此受到向心作用力。另外，从能量的角度也可以解释砂粒向心运动的现象，因为运动物体在无能量补充情况下，具有从高能带向低能带运动的趋势。在漏斗室的外围水流速度大，泥沙运动速度也较大，属高能区，而漏斗室的中心区域泥沙运动速度小，属低能区。因此，从上述的受力角度或能量角度分析都表明，漏斗室中的泥沙有向下、向中心方向运动的趋势，并形成螺旋流的运动形态，使泥沙聚集在中心附近。清水在旋流过程中逐渐向上，并经悬板上方排出漏斗室。这就是强迫涡的液固分离机理。泥沙一旦接近底孔附近，在底孔的出流抽吸和漏斗状底部的共同作用下，泥沙便随水流经底孔排出，最终达到水沙分离的目的。一个漏斗室直径为 10 米的漏斗式全沙排沙设施，水处理效率可达 10 立方米 / 秒左右。

　　强迫涡产生的水固分离现象在我们日常生活中也屡见不鲜。有个小故事也许能说明这种情形。有很多人共饮一大盆蛋汤，其中蛋花很少，散在盆中。可能汤不合胃口，剩余很多，有一位用膳者觉得汤中的蛋花浪费可惜，可又无法将其捞出。正在犯难之时，一位年长的厨师走到跟前，提起勺子将蛋汤轻轻地旋转了两周，瞬间蛋花竟奇迹般都聚集到了盆中心。而后他用汤勺一捞，蛋花尽在勺中。这样的实例也许我们在泡咖啡、糖水的搅拌时也会屡屡出现，那些尚未溶解的咖啡、砂糖颗粒常聚集在杯中，如图 45-3 所示，不知你平时注意观察到没有？

图 45-3(a) 是搅拌赤砂糖时，砂糖颗粒向中心螺旋形运动的形态；图 45-3(b) 是搅拌后，砂糖颗粒聚集到杯中心的形态。

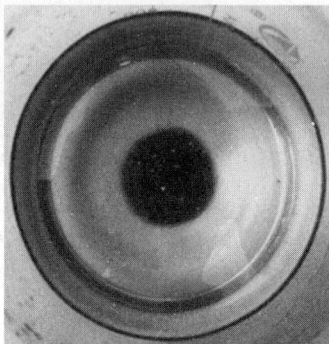

a   b

图45-3　搅拌糖水时砂糖颗粒的聚集现象

　　搞清楚了这些问题，是不是觉得，这么伟大的发明，还获得了国家科技奖，其实是如此的简单，就来自于日常生活中的搅拌砂糖水的现象启示。古诗云："圣人出，黄河清"，看来做个圣人也不难！如果你注重观察分析，积极尝试发明创造，也许下一代圣人，下一个科技奖励就属于你啦。

五、附录——流体运动科学相关基础知识

（一）流体科学科技名词

流体力学：研究流体（液体和气体）的力学运动规律及其应用的学科。

水静力学：研究水和其他液体在静止状态下的力学运动规律及其应用的学科。

水动力学：研究水和其他液体在运动状态下的力学运动规律及其应用的学科。

流体：一受到切力作用就会连续变形的物体。

静水压力：作用于静止液体两部分的界面上或液体与固体的接触面上的法向面力。

动水压力：作用于运动液体两部分的界面上或液体与固体的接触面上的法向面力。

黏滞性：流体在流动状态下抵抗剪切变形的能力。

表面张力：液体表面层由于分子引力不均衡而产生的沿表面作用于任一界线上的张力。

毛细管压力：毛细管中由弯曲液面上表面张力的合力形成的管内外两侧的压强差。

压强：作用于单位面积上的压力。

水头：以液柱高度表示的单位重量液体的机械能。

位置水头：以水体中一点位置到基准面的高度表示的该点处单位重量液体的重力势能。

压强水头：以液柱高度表示的单位重量液体的压强势能。

流速水头：以液柱高度表示的单位重量液体的动能。

浮力：液体中物体所承受的垂直向上的静水总压力。

浮体：漂浮在液面的物体。

潜体：潜没于液体中并可在任意深度处维持平衡。

流线：流场中，线上每一流体质点同一时刻的速度矢量都和它相切的曲线。

过水断面：流场中与流线正交的横断面。

恒定流：又称"定常流"。任一定点处的流动要素不随时间改变的流动。

非恒定流：又称"非定常流"。在一定点处的流动要素随时间改变的流动。

层流：黏性流体的互不混掺的层状运动。

湍流：又称"紊流"。速度、压强等流动要素随时间和空间作随机变化，质点轨迹曲折杂乱、互相混掺的流体运动。

边界层：黏性流体流经固体边壁时，在壁面附近形成的流速梯度明显的流动薄层。

分离：边界层脱离绕流物体壁面的现象。

水流阻力：水流与物体作相对运动时，物体与水流接触面上相互作用力的沿运动方向的分力。

升力：流体与物体作相对运动时，流体对绕流物体总作用力在与来流正交方向的分力。

摩擦阻力：水流与物体作相对运动时，由物体面摩擦力（切应力）合成的阻力。

形状阻力：又称"压差阻力"。实际流动绕过物体时上游面与下游面压力差形成的阻力。

（绕流）阻力系数：按某一特征面积计算的单位面积的阻力与单位体积来流动能的无因次比值。

尾迹：又称"尾流"。绕物体流动在边界层分离点下游所形成的旋涡区。

涡街：又称"涡列"。流动绕非流线形柱体后的尾流两侧交错排列的系列旋涡。

驻点：又称"滞点"。流体受迎面物体的阻碍而沿物面四周分流时，物面上受流动顶冲而流速为零的点。

水头损失：水流中单位重量水体因克服水流阻力做功而损失的机械能。

沿程水头损失：水流沿流程克服摩擦力做功而损失的水头。

局部水头损失：流动过程中由于几何边界的急剧改变在局部产生的水头损失。

明渠水流：又称"明槽水流"。天然河道、人工渠道或某些水工建筑物中具有通大气的自由水面的水流。

有压流：整个封闭横断面被水流充满、无自由水面的流动。

无压流：由水面上通常作用着大气压强的流动。

水击：又称"水锤"。有压管道中因流速、压力急剧变化而引起压力波在水中沿管道传播的现象。

消能：对建筑物下泄水流，消耗其下游河道过多能量的措施。

孔板：设在管道或泄水隧洞中，用以量测流量或进行消能的开孔隔板。

空化：流动液体内局部压强降低发生汽化形成空泡的现象。

空蚀：发生空化的液流中空泡溃灭区边壁材料的变形剥蚀现象。

渗流：液体在多孔介质中的流动。

射流：流体依靠出流动量的原动力，喷射至另一流体域中的流动。

测针：主要部件为一针形测杆，用以量测液体自由表面位置的仪器。

毕托管：通过量测管状探头上正对来流与侧壁开口的两个小孔之间由流速水头形成的压差，以测算流速的仪器。

文丘里流量计：曾称"文德里流量计"。通过量测收缩管段与进口管道之间的压差来推算管道流量的仪器。

气体绝热指数：气体的热力学物理属性，也称比热比，常用 γ 表示，空气的 $\gamma=1.4$。

声速：微弱压力扰动波在可压缩介质中的传播速度。微弱压力扰动波也称微弱弹性波。

马赫数：某处的气流速度与该处的声速的比值，记作 Ma。

亚声速气流：$Ma<1$ 的气流。

超声速气流：$Ma>1$ 的气流。

（二）流体基本物理性质

1. 物质的三态

自然界的物质一般有三种存在形式：固体、液体和气体。液体和气体统称为流体。从力学分析的意义上看，流体与固体的主要区别在于它们对外力的抵抗能力不同。固体由于其分子间距离很小，内聚力很大，所以它能保持固定的形状和体积，既能承受压力，也能承受拉力，抵抗拉伸变形。而流体由于分子间距离较大，内聚力很小，它只能承受压力，几乎不能承受拉力及抵抗拉伸变形；在任何微小切应力作用下，流体很容易发生变形或流动，即流体具有易流动性。

同样是流体的液体与气体，两者又有一定的区别。液体分子间距离较小，密度较大，分子内聚力比气体大得多，所以液体能保持比较固定的体积，形成自由表面。而气体没有固定的体积和形状，能充满任意形状的容器。同时，液体和气体的另一个区别在于它们的可压缩程度不同，液体的压缩性很小，气体极易被压缩或膨胀。但当气流速度远小于声速时，在运动过程中其密度变化很小，气体也可被视为不可压缩。

2. 流体的密度

单位体积流体的质量称为密度，以 ρ 表示，单位为千克／立方米。液体的密度随压强和温度的变化很小，一般可视为常数，如采用水的密度为 1000 千克／立方米，水银的密度为 13600 千克／立方米。气体的密度随压强和温度而变化，一个标准大气压下 0℃空气的密度为 1.29 千克／立方米。

3. 流体的压缩性

（1）液体的压缩性

流体的体积或密度随其所受压力变化的性质，称为压缩性。在一定温度与中等压强下，水的压缩性很小，例如压强改变一个大气压时，体积的相对变化值约为 2 万分之一，变化甚微。因此水的压缩性在一般情况下可以忽略，相应的水的密度可视为常数。但在讨论管道中水流的水击问题时，则要考虑水的压缩性。

（2）气体的压缩性

气体是易压缩流体，它的压缩性与绝对压强、气体常数、热力学温度有关。

4. 黏性

前面我们已经提到流体与固体不同，它具有易流动性，静止时不能承受任何微小的切应力及抵抗剪切变形。但在运动状态下，流体就具有抵抗剪切变形的能力。流体抵抗剪切变形的性质，称为黏性。由于黏滞性的存在，流体在运动过程中克服内摩擦力做功消耗机械能，所以流体黏性是流体机械能损失的根源。

5. 表面张力特性

液体表面层由于分子引力不均衡而产生的沿表面作用于任一界线上的张力，称为表面张力。它可使水滴成半球状悬在水龙头出口上而不下滴。当细管子插入液体中时，由于表面张力会使管中的液体自动上升或下降一个高度，形成所谓的毛细现象。

表面张力的数值并不大，在大多数工程实际中，一般不考虑它的影响，然而在包括毛细升高、水滴及气泡形成、液体射流的裂散等问题中，表面张力可能是重要的。水银温度计的发明就是巧妙地应用了表面张力特性。

（三）流体静力学基本原理

1. 静止流体中的应力

（1）静止流体中的切应力与正应力

1）切应力

单位面积上平行于作用面的切力。在静止流体中切应力为 0。

2）正应力

单位面积上垂直于作用面的压力，称压强（p），单位为帕（N/m^2），记作 Pa。大气压是大气中的正应力，用 p_a 表示。通常有标准大气压和工程大气压两种表示方法。工程大气压与标准大气压略有不同，国际上规定一个标准大气压 (atm) 为 101.325 kPa，一个工程大气压 (at)

为 98 kPa，本书算例中均采用工程大气压。

（2）静止流体中应力的两个特性

与固体和流动的实际流体比较，静止流体中任一点应力具有以下两个重要特性：

1）静止流体表面应力只可能是压应力即压强，且静水压强方向与作用面内法线方向一致。

2）作用于静止流体某一点压强大小各向相等，与作用面的方位无关。

2. 静止液体中的等压面

所谓等压面是指液体中压强相等的各点所组成的面。例如液体和气体的交界面（自由液面），以及处于平衡状态下的两种液体的交界面都是等压面。

作用在液体质点上的力只有重力，静止的、同一种连通的液体，其水平面是一等压面。

3. 重力作用下液体静压强的分布、帕斯卡原理

如图附–1所示，在静止流体中，压强随深度按线性规律增加，同一水平面上各点的静压强相等，与容器形状无关；且流体内任一点的压强 p 恒等于液面上的压强 p_0 与从该点至液体表面的单位面积上的垂直液柱重量之和。假如 p_0 增加或减小某个 Δp 值，流体内部各点的 p 值均会相应的增加或减小 Δp。由此得出：平衡状态下常密度流体中任一点的压强变化必将等值地传递到其他各点上。这就是帕斯卡原理，它是 17 世纪中叶法国物理学家帕斯卡（B. Pascal，1623—1662）的贡献。该原理在水压机和液压或气压传动设备上应用广泛。

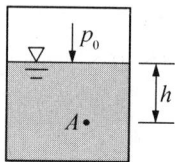

图附–1　静止液体中的点压强　　　图附–2　帕斯卡原理图示

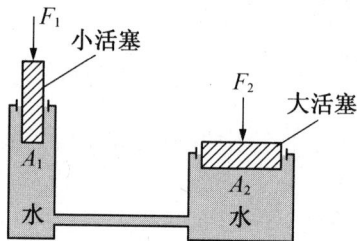

例如图附–2所示，小活塞直径为 0.05 米，大活塞直径为 2 米，其大小活塞的面积之比

为 1600 倍，若在小活塞上加压重 1 吨，则在大活塞上承受的压重为 1600 吨。

4. 液体作用在平面上的总静压力

液体作用在平面上的总静压力为受压面面积与其形心点所受静水压强的乘积。

5. 浮力

根据阿基米得定律，漂浮在水面或浸没于水下的物体会受到垂直向上的浮力作用，其大小恰好等于物体所排开的同体积水体的重量。推而广之，浸没在其他流体（如空气）中的物体也会受到垂直向上的浮力作用，其大小等于物体所排开的同体积流体（如空气）的重量。

（四）流体运动基本原理

1. 恒定不可压缩流体总流的质量守恒原理——连续性原理

如图附-3 所示，对于不可压缩流体，在断面 1-1 与断面 2-2 之间的管段上，单位时间内流进的流体体积与流出的相等，即流过该管段的流体质量是守恒的。这便是自然界的质量守恒原理在恒定不可压缩流体总流中的具体表现。

2. 恒定不可压缩流体总流的机械能守恒原理——伯努利原理

恒定不可压缩流体总流的机械能守恒原理也可称为伯努利原理。流体所具有的机械能是动能、压能、位能，在流动过程中还有能量损失。

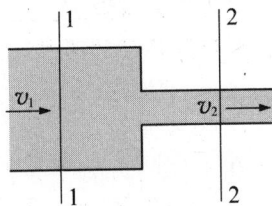

图附-3　连续性原理

伯努利原理可简述为：恒定不可压缩流体总流从一个断面流到另一个断面时，前一断面的总机械能与后一断面的总机械能及两断面之间的流动损失之和相等。且流动中动能、压能和位能可以相互转化，而能量损失是不可逆的。

伯努利原理即流体运动中的机械能转化与守恒定律，即同一流体在运动过程中，动能 + 压能 + 位能 + 能量损失 = 常数。

3. 恒定不可压缩流体总流的动量守恒原理——动量原理

它是自然界动量守恒定律在流体运动中的具体表现，反映了流体动量变化与作用力之间的关系。动量是指流体的质量和它的速度的乘积。动量和速度都是矢量，也就是说，都有方向性。流体运动的动量原理表明，单位时间内总流某一流段上的动量变化，等于作用在该流段上的外力总和；系统在内力作用下，当一部分向某一方向的动量发生变化时，剩余部分沿相反方向的动量发生同样大小的变化。

4. 可压缩流体的恒定流动基本原理

当气体密度变化不大时，可作为不可压缩流体处理，然而当密度变化较大，例如当气流速度达到 100 米 / 秒以上，其密度变化超过 5% 时，则必须考虑可压缩性影响。因此，对可压缩流，密度也是一个变量，而密度的变化又与气体状态（或热力特性）密切相关，故其研究比不可压缩流复杂得多。

如果流动为有摩擦阻力的绝热过程，则单位质量气体所具有的内能、压能、动能之和在流动过程中保持恒定。这就是可压缩气体的能量守恒原理。

5. 流体运动的两种流态——层流与湍流

经过长期观测和实践，早在 19 世纪初，科学工作者便发现流体流动具有不同的流态。在不同的流态下，流体流动时的水头损失与流速有不同的关系，对绕流物体的阻力、升力及稳定性都有很大关系。但直到 1883 年，才由英国物理学家雷诺 (Osborne Reynolds) 的实验研究证实了两种流态的存在及水头损失与流速间的关系。

雷诺实验的装置如图附 -4 所示。在水箱侧面安装一根水平的带喇叭口的玻璃管，管下游端装有阀门以调节管内流量的大小。在

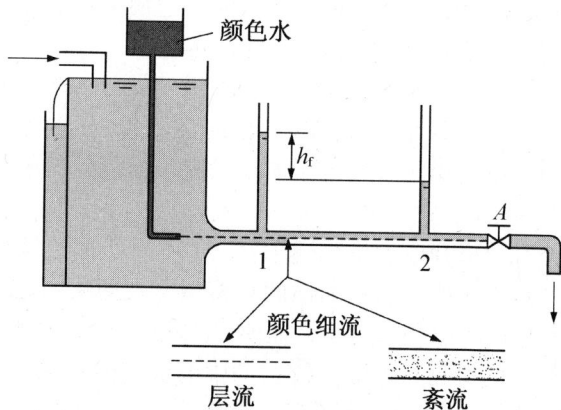

图附-4 雷诺实验

喇叭口处安有注入颜色水的针形水管，水箱设有溢流板，以保持实验时水箱水面高度不变，管内水头保持恒定流动。在玻璃管的1-2段上，还安装有两根测压管，以测定1-2段间的水头损失。

试验时容器中充满水并使液面保持稳定，管中流动为恒定流，将阀门A微微开启，管中水流将以很小流速流动，颜色水呈一边界分明的直线束，与周围清水互不混合。这一现象说明流体质点互不混掺，有条不紊地作有序的成层流动，这种流动状态称为层流。若继续逐渐开大阀门，管中流速逐渐增大，当达到某一数值时，颜色水开始出现颤动并弯曲，线条逐渐加粗，在个别流段上开始出现破裂。最后，当流速达到某一定值时，颜色水股完全破碎，并很快扩散至全管，使管中整个水流都被均匀染色。这一现象说明流体质点不再成层运动，而是表现为流体质点的相互混掺的无序的随机运动，并且运动流体的局部速度、压力等物理量在时间和空间中发生不规则的脉动。这种流动状态称为湍流（或称紊流）。当试验向相反程序进行时，是先将阀门开至最大，使管中水流处于完全发展的湍流状态，再逐步关小阀门，当流速降低到某一数值时，均匀的颜色水又重现为一股细直线，这说明圆管中水流又由湍流恢复为层流。

层流和湍流是自然界流动中的普遍现象。不仅流体在管道有压流（没有与大气相接触的液面）中有层流和湍流两种流态，在明渠无压流（存在与大气相接触的液面）中也有这两种流态。并且气体的流动也一样，如机翼绕流中也存在层流与湍流。

（五）流动阻力及能量损失

黏性流体在运动过程中必然会产生能量损失，将单位重流体的机械能损失称为水头损失。黏性是引起水头损失的根本原因。

1. 流动阻力和水头损失分类

根据产生水头损失的流动边界条件、机理不同，水头损失可分为沿程水头损失和局部水头损失。

（1）沿程水头损失

流体作均匀流动时，由于黏性作用，过流断面上的流速分布并不均匀，相邻两流层间存在相对运动，从而使流体流层之间及流体与边界之间存在切应力（摩擦力），形成流动阻力。这种在均匀流段上产生的流动阻力称为沿程阻力或摩擦阻力。由于沿程阻力做功而引起的水头损失称为沿程水头损失。沿程水头损失沿流程均匀分布，大小与流程长度成正比。在边壁形状、尺寸、方向均无变化的流段，如长直渠道和等径有压输水管道上所产生的水头损失就是沿程水头损失。

（2）局部水头损失

流体在流动的局部区域，如流体流经管道的弯头、突扩、突缩和闸门等处（图附-5），由于固体边界的急剧改变而引起速度分布的变化，甚至使主流脱离边界，形成旋涡区，从而产生的阻力称为局部阻力。由于局部阻力做功而引起的水头损失称为局部水头损失。局部水头损失一般发生在水流过水断面突变、水流轴线骤然弯曲、转折或边界形状突变有局部障碍处。旋涡区的形成是造成局部水头损失的主要原因。

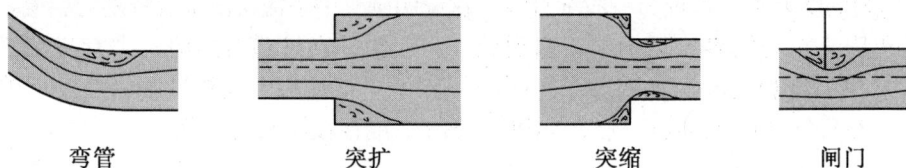

弯管　　　　　　　　突扩　　　　　　　　突缩　　　　　　　　闸门

图附-5　局部水头损失

2.边界层与边界层分离

（1）边界层

边界层概念是 1904 年普朗特首先提出来的。如图附 -6，当均匀来流以流速 U_0 经过平板表面的前缘时，紧靠平板的一层流体质点将由于黏性作用而黏附在平板表面，速度降为零。稍靠外的一层流体将受到这一层流体的阻滞，流速亦随之降低。距壁面愈远，流速降低愈小。当距壁面一定距离处，其流速将接近于原来的流速 U_0。因此，由于黏性作用的影响，从平板表面至未扰动的液流之间存在着一个流速分布不均匀的区域，速度梯度大，且存在较大切应力。这一黏性不能忽略的靠近壁面的薄层，称为边界层。

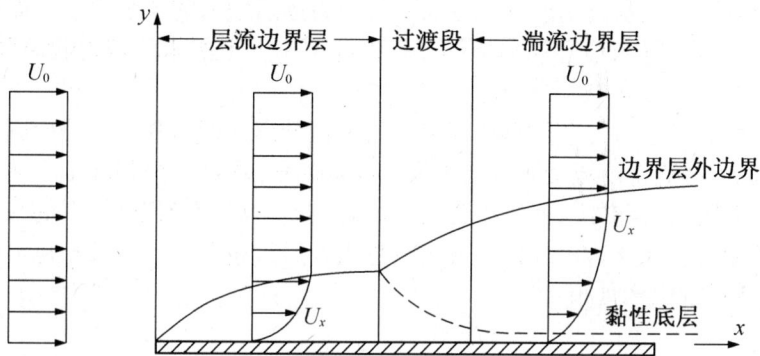

图附-6　平板绕流

（2）边界层分离

如上所述，当水流沿壁面流动时，将产生边界层，并顺流厚度增大。在这过程中，可能会产生边界层（或边界流线）与过流壁面脱离的现象，这一现象就称为边界层分离。

对于平板绕流，当压强梯度保持为零，无论平板有多长，都不会发生分离，这时边界层只会沿流向连续增厚。然而，当边界沿流向扩散时，如图附–7，边界层迅速增厚，便会发生

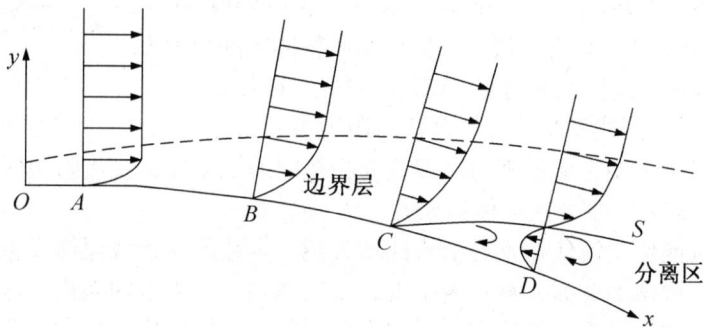

图附-7　边界层分离

边界层分离。边界层内的水流动能，一方面要转换为逐渐增大的压强势能，而且还要消耗于沿程的能量损失，从而导致边界层内流体流动停滞下来，上游来流被迫脱离固体边壁前进，分离便由此产生。

自分离点 C 起，在下游近壁处形成回流。通常把分离流线与物体边界所围的下游区域称为尾流（称旋涡）。尾流将使流动有效能损失 (局部损失) 增大，压强降低，从而使绕流体前后形成较大的压差阻力。此外，回流还会引起基础淘刷，泥沙淤积。旋涡的强烈紊动，还可能诱发随机振动使绕流体结构破坏，并且尾流越大，后果越严重。而减小尾流的主要途径则是使绕流体体型尽可能流线型化。

3. 绕流阻力

流体在固体边界内，如管道、明渠中的水流阻力及其水头损失问题，是所谓的内流问题。而水流绕经物体时的绕流阻力问题，即所谓外流问题，如给水排水工程、水利工程建筑物中的各种闸墩、铁路与公路中的桥墩以及交通运输和国防事业中的各种车体和飞行器的绕流问题，均属于外流问题。

当流体与淹没在流体中的固体作相对运动时，固体所受的流体作用力，按其方向可分为两个分力 (图附 -8)：一是平行于流动方向的作用在物体上的分力 F_D，称为绕流阻力，包括由边界层内的黏性造成的摩擦阻力和由边界层分离(旋涡)造成的形体阻力(或称压差阻力)两部分。二是垂直于流动方向作用于物体上的分力 L，称为升力。该力只可能发生在非对称 (或斜置对称) 的绕流体上。

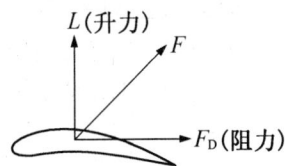

图附-8 绕流体的受力

图附 -9(a) 所示为流线型绕流体，其绕流阻力主要是摩擦阻力。图附 -9(b) 所示为圆柱形绕流体，其绕流阻力主要是形体阻力。迎流面积相同的绕流体，绕流阻力流线型是圆柱形的十分之一。因此绕流阻力主要由形体造成的。

绕流运动还可能使绕流体振动。当流速增大到一定数值时，绕流体发生边界层分离，形成绕流体两侧交替脱落的旋涡，被带向下游，排成两列，称为卡门涡街。这种周期性发生的涡街可使绕流体受到交替变向的横向力，并由此引起绕流体的横向振动。若涡街的频率与绕流体自振频率一致，就会发生共振，对建筑物造成危害。如拦污栅振动、电线的风鸣均源于此。

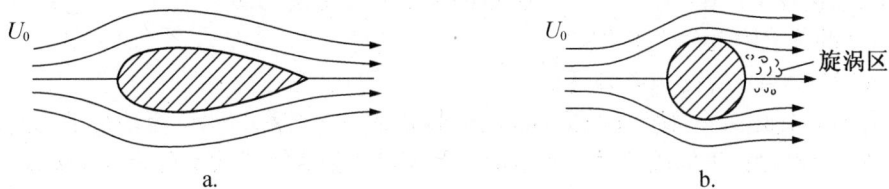

a.

b.

图附-9　流线型柱与圆柱绕流

（六）流体工程基本知识

1. 孔口出流及管嘴出流

在容器壁上开孔，流体经过孔口流出的流动现象就称为孔口出流。在孔口周界上连接一长度约为孔口直径 3 ~ 4 倍的短管，这样的短管称为圆柱形外管嘴。流体流经该短管，并在出口断面形成满管流的流动现象叫管嘴出流。孔口与管嘴出流是工程中常见的水流现象，如在给排水工程中的取水、泄水闸孔以及孔板式量测流量设备均属孔口，水流经路基下的有压涵管、水坝中泄水管等水力现象与管嘴出流有关，而消防水枪和水力机械化施工用水枪都是管嘴的应用。

常见的孔口管嘴形状如图附 -10 所示，其过流能力有较大差异。以相同出口断面直径的

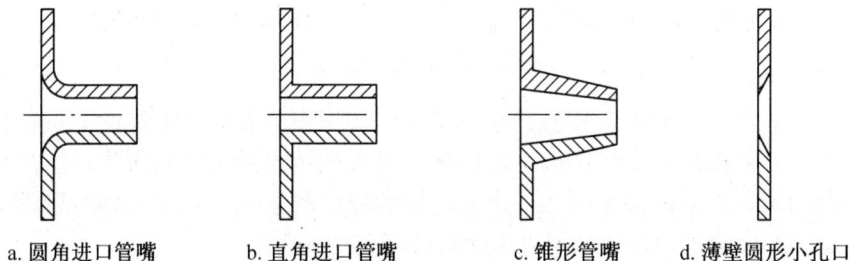

a. 圆角进口管嘴　　　b. 直角进口管嘴　　　c. 锥形管嘴　　　d. 薄壁圆形小孔口

图附-10　孔口管嘴结构剖面图

孔口管嘴比较，圆角进口管嘴、锥形管嘴及直角进口管嘴的过流能力分别是薄壁圆形小孔口的 1.5 倍、1.5 倍及 1.3 倍左右。显然，进口的弧形对过流能力影响很大。另外，直角进口管嘴离进口 $d/2$ 的位置附近会产生真空。

2. 明渠流动的缓流、急流与临界流

明渠是人工渠道、天然河道以及不满流的管道的一个统称。明渠流动是水流的部分周界与大气接触，具有自由表面的流动，其表面上的相对压强为零，故又称为无压流动。

在一条通过一定流量可变底坡的活动水槽中，投入一个障碍物，如图附–11 所示，观察发现，当底坡较平缓时，障碍物上游水面壅高能逆流上传到较远处（如图附–11a），而当底坡较陡时，障碍物引起的水面壅高仅出现在障碍物附近，对上游无影响，水流一跃而过（如图附–11b），这是明渠水流两种截然不同的流态。前者称为缓流，后者称为急流，并将处于急流与缓流临界状态的流动现象称为临界流。急流多发生在山区河道、陡槽中，缓流多发生于平原河网、近海河流中。

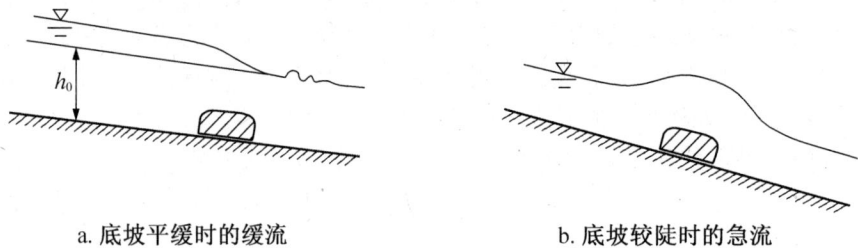

a. 底坡平缓时的缓流   b. 底坡较陡时的急流

图附–11 缓流与急流

在缓流中，表面波能向上游传播，在急流和临界流中，表面波只能向下游传播。如果向河面扔一块石头，若激起的水波能向上游传播，则说明该河道水流是缓流。急流具有较大的动能，能引起河道的冲刷，甚至引起冲击波，影响坡岸的安全。在水工建筑物的下游，为了建筑物的安全，需建造消能设施，通过水跃将急流转变为缓流。

3. 水跃与消能

当明渠中水流由急流过渡到缓流时，水面会发生突然跃起的局部水力现象，即在较短的渠段内水深从急流状态的水深急剧地跃到缓流状态的水深，这种局部水面不连续的水力现象（图附–12），称为水跃。例如，在溢洪道下、泄水闸下、平坡渠道中的闸下出流均可形成水跃。

当跃前流速较大，水深较浅时，水跃具有强烈的表面旋滚区，称完全水跃。在水跃区域的上部是表面旋滚区，饱掺空气的水流作剧烈回旋运动，旋滚区之下则是急剧扩散的主流。水跃段内，水流运动要素急剧变化，水流紊动、混掺剧烈，旋滚与主流间水体不断交换，致使水跃段内有较大的能量损失。因此，常利用水跃来消除泄水建筑物下游高速水流中的巨大动能。

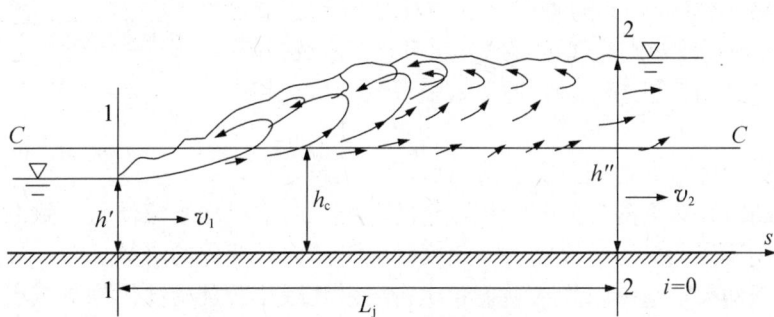

图附–12　水跃

4. 可压缩气体一元流动

（1）等截面管等温流动

可压缩气体在等截面有摩擦阻力管道中的等温流动是较为常见的，如等温环境中无保温层的输气长管（例煤气），就可视为一例。等截面管等温流动时，气体的马赫数有一不能跨越的临界值。空气的临界值马赫数是 0.845（流速是声速的 0.845 倍）。即对空气来说，当管中流速马赫数 $Ma<0.845$ 时，气流沿程加速，但只能加速到 $Ma=0.845$；当 $Ma>0.845$ 时，气流沿程减速，但只能减速到 $Ma=0.845$。

（2）等截面管绝热流动

有良好保温层长管道输气（如有隔热层的蒸汽管），可近似作为绝热流动。理论与实验表明，亚声速气流（$Ma<1$）在等截面管有摩阻绝热流动中作加速运动，但只能加速到 $Ma=1$；超声速气流（$Ma>1$）在等截面管有摩阻绝热流动中作减速运动，但只能减速到 $Ma=1$。也就是说，对于同一等截面管可压缩气体的绝热流动，从亚声速流过渡到超声速流，或者从超声速流过渡到亚声速流都是不可能的。它与气体介质无关。

（3）拉伐尔喷管

怎样才能得到超声速气流呢？ 1883 年瑞典工程师拉伐尔发明了一种先收缩后扩大的喷管——拉伐尔喷管，如图附 -13 所示，实现了使亚声速气流加速成超声速气流的目的。它最先应用于蒸汽涡轮机中，后在冲压式喷气发动机、超声速风洞等领域广为应用。

拉伐尔喷管原理可从物理意义上进行解释。亚声速气流

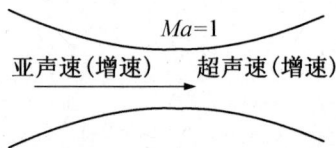

图附-13　拉伐尔喷管

在渐缩管中流动时，速度随喷管截面积变化的趋势，与不可压缩流体是一致的，速度沿程增大。而超声速气流在渐扩管中流动时，速度随喷管截面积变化的趋势，与不可压缩流体正好相反，速度沿程增大。这是因为在渐扩管中密度沿程减小，且密度的相对减小值，大于喷管截面积的相对增大值，根据质量守恒原理，每一个过流断面上质量流量是不变的，这样速度只能沿程增大。

因此气流在流经拉伐尔喷管过程中，收缩段作亚声速流动，并逐渐加速，在最小截面处（称为喉部）达到临界状态（$Ma=1$），然后在扩散管继续加速成为超声速气流。

（七）有压管道液体急变运动压力波——水击现象

在有压管路系统中，由于某一管路中的部件工作状态的突然改变，就会引起管内液体流

速的急剧变化，同时引起液体压强大幅度的升高和降低的交替变化，这种水力现象称为水击，或水锤。水击引起的压强升高，可达管道正常工作压强的几十倍甚至几百倍，这种大幅度的压强波动，往往引起管道强烈振动、阀门破坏、管道接头断开，甚至管道爆裂等重大事故。

管道非恒定流主要表现为压强和液体密度的变化和传播，所以在水击问题中，必须考虑水的可压缩性和管壁弹性变形的影响。

1. 水击传播过程

水击传播过程可以分为四个阶段，如图附 –14 所示。

第一阶段如图附 –14a 所示，当阀门 A 突然关闭，管中紧靠阀门的微小水层即停止流动，其流速由 v_0 突然减小到零，该层流体受惯性力的压缩，使压强由 p_0 突增到 $p_0+\Delta p$。在突然增大的压强作用下，使微小水层受到压缩而密度增大，同时使该水层周围的管壁膨胀。上述现象又以相同的方式自阀门处逐层相继传递到管道进口，使全管压强增加 Δp。这阶段中水击

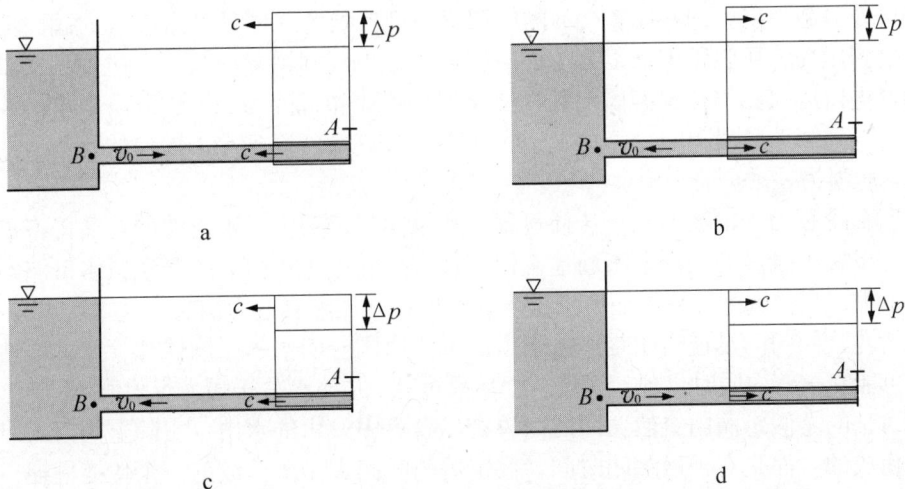

图附–14　水击传播过程

波向上游方向传播。

第二阶段如图附-14b所示，由于水库水位不会因为管中发生水击而引起变化，水击波在进口处引起反射，即管中水流向水库方向流动，水体从被压缩状态及管壁从膨胀状态首先恢复原状，压强由 $p_0+\Delta p$ 降为原来的 p_0。上述现象又以相同的方式自管道进口逐层相继传递到阀门处，使全管压强亦相继降为 p_0。这阶段中水击波向阀门方向传播。

第三阶段如图附-14c所示，在第二阶段末，全管水体的密度和管壁都已恢复原状。由于惯性的作用，紧邻阀门 A 的水层继续以流速 v_0 向水库方向流动。但因阀门完全关闭，水得不到补充，于是紧靠阀门的水层有脱离阀门的趋势。由于连续性的要求，流动被迫停止，流速又从 v_0 减小到零，压强则从 p_0 减小了 Δp，形成水体膨胀，密度减小，管壁收缩的现象，上述现象又以相同的方式自阀门处逐层相继传递到管道进口，使全管压强减小 Δp。这阶段中水击波向进口方向传播。

第四阶段如图附-14d所示，在第三阶段末，全管水体处于静止、降压和膨胀状态。水击波在进口处引起反射，即在压差 Δp 的作用下，进口处的水体又以流速 v_0 向阀门流动，膨胀的水体受到压缩，压强随即恢复到 p_0，收缩的管壁也随即恢复原状。上述现象又以相同的方式自管道进口逐层相继传递到阀门处，使全管压强亦相继降为 p_0。这阶段中水击波向阀门方向传播。直到第四阶段末，全管的流速、压强及管壁均恢复到水击以前的状态，即全管的流速为 v_0，压强为 p_0。

以上四个阶段为水击波的一个传播过程。如果阀门仍关闭，水击波的传播仍将重复上述四个阶段，以两个阶段为一周期不断地来回传播。实际上由于阻力的存在，水击波不会无休止地传播下去，它将因摩擦损失而使水击压强（振幅）逐渐衰减而消失。

综上所述，阀门的迅速启闭是产生水击的重要原因。而水的压缩性和管壁的弹性则使水击压强不可能在全管内同时出现，而是一个传播过程，并使水击压强为有限值。

上述讨论的是假定阀门突然关闭时简单有压管道中发生的水击。实际上阀门的启闭都不是瞬时能完成的，而是有一段关闭时间。假定关闭时间大于水击波的一个传播周期，那么阀门尚未全部关闭时，阀门处的最大水击压强被从水库反射回来的减压顺波抵消了一部分。其阀门处的最大水击压强小于阀门突然关闭时的最大水击压强。由此可见，阀门关闭越慢，引起的水击升压就越小。

对于管道阀门迅速开启的情况，由于管中流速迅速增大，也会产生管中压强显著减小的水击。它可能使管中产生真空和气蚀，甚至引起管道凹陷。

2. 水击危害的预防

（1）设置空气室，或安装具有安全阀性质的水击消除阀。这种阀门能在压强升高时自动开启，将部分水量从管中放出以降低管中流速的变化，从而降低水击的增压，而当增高的压强消除后，则又自动地关闭起来。

（2）设置调压塔或调压井。调压塔（或井）是一种与管道连通具有备用空间的蓄水构筑物。在有压管路上设置调压塔或调压井后，当阀门关闭时，沿管路流动的水流会有一部分流进调压塔或调压井，从而可减小水击压强并缩小水击的影响范围。

（3）延长阀门关闭时间、缩短有压管路的长度、减小管内流速（如加大管径）、采用弹性模量较小材质的管道等都是预防水击造成危害的有效方法。

图书在版编目（CIP）数据

奇妙的流体运动科学/毛根海主编. —杭州：浙江大学出版社,2009.1

ISBN 978-7-308-06493-4

Ⅰ. 奇…　Ⅱ. 毛…　Ⅲ. 流体流动—普及读物　Ⅳ. O351.2-49

中国版本图书馆 CIP 数据核字（2008）第 204606 号

奇妙的流体运动科学

毛根海　主编

责任编辑	杜玲玲
封面设计	姚燕鸣
出版发行	浙江大学出版社
	（杭州天目山路 148 号　邮政编码 310028）
	（E-mail：zupress@ mail. hz. zj. cn）
	（网址：http://www. zjupress. com
	http://www. press. zju. edu. cn）
	电话：0571 - 88925592，88273066（传真）
排　　版	杭州大漠照排印刷有限公司
印　　刷	临安市曙光印务有限公司
开　　本	787mm × 1092mm　1/24
印　　张	7.25
字　　数	171 千
版 印 次	2009 年 1 月第 1 版　2009 年 1 月第 1 次印刷
印　　数	0001—3000
书　　号	ISBN 978-7-308-06493-4
定　　价	15.00 元